服装画技法

主　编：许　娟　宋俏颖　宋泮涛

副主编：田梦琪　刘　芳　单　梁　李璐璐　李　祎

参　编：刘　鲤　王秀娟　吴雪梅　史晓琳　楼云丽　沈玉迎
　　　　任道凤　贾　振　李以英　王　娟　李　潇

机械工业出版社
CHINA MACHINE PRESS

这是一本讲解服装画表现技法的专业教程。全书分为6章，内容细致丰富，从服装设计的基础入手，主要内容覆盖了服装效果图手绘、服装款式图电脑绘制、服装效果图电脑绘制等。书中以详细的步骤和丰富的案例展示了运用彩铅和马克笔手绘服装效果图，用电脑软件AI绘制服装款式图，用电脑软件PS绘制服装效果图的基本技法。无论是刚开始学习服装设计的学生，还是服装画的爱好者，都能通过阅读本书熟练掌握服装画的技法。另外，本书还配有相对应的视频课程，让读者可以更系统地进行学习。

图书在版编目（CIP）数据

服装画技法 / 许娟，宋俏颖，宋泮涛主编. — 北京：
机械工业出版社，2022.12
　ISBN 978-7-111-71690-7

　Ⅰ.①服… Ⅱ.①许… ②宋… ③宋… Ⅲ.①服装 –
绘画技法 Ⅳ.①TS941.28

中国版本图书馆CIP数据核字（2022）第179092号

机械工业出版社（北京市百万庄大街22号　邮政编码100037）
策划编辑：马　晋　　　　　　责任编辑：马　晋
责任校对：张亚楠　张　薇　　版式设计：马倩雯
责任印制：常天培
北京宝隆世纪印刷有限公司印刷

2023年1月第1版·第1次印刷
184mm×260mm·11.25印张·181千字
标准书号：ISBN 978-7-111-71690-7
定价：79.00元

电话服务　　　　　　　　　　网络服务
客服电话：010-88361066　　机 工 官 网：www.cmpbook.com
　　　　　010-88379833　　机 工 官 博：weibo.com/cmp1952
　　　　　010-68326294　　金 书 网：www.golden-book.com
封底无防伪标均为盗版　　机工教育服务网：www.cmpedu.com

前　言

　　随着社会的不断进步和人们生活水平的不断提高，服装行业也在持续地向前发展，人们对于服装的文化性和功能性要求也越来越高，这就需要我们的服装设计学习者和服装设计师具备更扎实的设计基础和文化素养。服装画技法就是服装设计学习者和服装设计师必须掌握的一项基础技能，只有熟练掌握服装画技法，才能准确地表达服装设计构思和理念。

　　简单来说，服装设计是根据设计要求进行构思，并绘制出效果图、款式图，再根据图样进行服装制作，最终完成设计的一个全过程。在服装设计过程中用服装画准确表达设计构思是重要的环节之一，由此可以看出我们服装设计学习者学习服装画技法的重要性。

　　本书内容丰富，涵盖了服装画概论、人体绘制、服装画手绘表达技法和电脑表达技法等内容，重点讲解了彩铅、马克笔、电脑表达技法，适合本科、高职服装设计专业学生以及服装设计爱好者学习。

微课视频二维码
扫一扫直接观看

目　录

前　言

CHAPTER
第 1 章
服装画概论

1.1　服装画的概念和分类　002

　1.1.1　服装画的概念　002

　1.1.2　服装画的分类　003

1.2　服装效果图常用工具介绍　005

　1.2.1　绘画起稿工具　005

　1.2.2　勾线工具　006

　1.2.3　上色工具　007

　1.2.4　其他工具　008

CHAPTER
第 2 章
服装画人体绘制

2.1　人体特点　010

　2.1.1　人体比例　010

　2.1.2　人体结构　010

2.2　常用人体绘制　012

　2.2.1　女性人体绘制　012

　2.2.2　男性人体绘制　014

2.3　人体局部绘制　016

　2.3.1　五官的绘制　016

　2.3.2　手、脚（鞋）的绘制　020

CHAPTER 3

第 3 章

服装效果图彩铅表达技法

3.1 用彩铅表达面料质感 024

  3.1.1 牛仔面料绘制过程 024

  3.1.2 针织面料绘制过程 026

  3.1.3 纱质面料绘制过程 027

3.2 用彩铅表达服装款式 028

  3.2.1 上衣款式绘制 – 毛呢外套 028

  3.2.2 裤装款式绘制 – 牛仔裤 030

  3.2.3 裙装款式绘制 – 条纹皱褶

      连衣裙 032

3.3 用彩铅表达服装整体 034

  3.3.1 薄纱礼服绘制 034

  3.3.2 格子西装绘制 036

  3.3.3 休闲装绘制 038

CHAPTER 4

第 4 章

服装效果图马克笔表达技法

4.1 用马克笔表达面料质感 042

  4.1.1 格纹面料质感表达 042

  4.1.2 缎面面料质感表达 043

  4.1.3 皮革面料质感表达 044

  4.1.4 印花面料质感表达 045

4.2 用马克笔表达服装款式 046

  4.2.1 上衣款式绘制 – 羽绒服 046

  4.2.2 裤装款式绘制 – 皮质短裤 048

  4.2.3 裙装款式绘制 – 印花连衣裙 050

4.3 用马克笔表达服装整体 052

  4.3.1 礼服绘制 052

  4.3.2 婚纱绘制 054

  4.3.3 西装绘制 056

第 5 章

服装款式图电脑绘制

5.1　服装款式图绘制要求和绘制方法　060

5.2　服装款式图绘制软件介绍　060

　　5.2.1　AI 软件操作界面介绍　061

　　5.2.2　AI 常用工具介绍　062

　　5.2.3　AI 常用快捷键　063

5.3　服装款式图局部绘制　064

　　5.3.1　衣领的款式绘制　064

　　5.3.2　衣袖的款式绘制　070

　　5.3.3　口袋的款式绘制　079

5.4　服装款式图绘制　084

　　5.4.1　上衣款式图绘制　084

　　5.4.2　裤装款式图绘制　093

　　5.4.3　裙装款式图绘制　107

　　5.4.4　外套款式图绘制　119

第 6 章

服装效果图电脑绘制

6.1　服装效果图电脑绘制软件介绍　128

　　6.1.1　PS 软件操作界面介绍　128

　　6.1.2　PS 常用工具介绍　130

　　6.1.3　PS 常用快捷键　131

6.2　用电脑表达面料质感　132

　　6.2.1　印花面料质感表达　132

　　6.2.2　格子面料质感表达　137

　　6.2.3　牛仔面料质感表达　138

　　6.2.4　蕾丝面料质感表达　141

　　6.2.5　皮草面料质感表达　142

6.3　用电脑表达服装款式效果图　144

　　6.3.1　上衣效果图绘制　144

　　6.3.2　裤装效果图绘制　151

　　6.3.3　裙装效果图绘制　158

6.4　用电脑表达服装整体效果图　163

　　6.4.1　时装绘制　163

　　6.4.2　旗袍绘制　165

　　6.4.3　礼服绘制　168

附录　试　题　171

CHAPTER

1

第 1 章

服装画概论

1.1 服装画的概念和分类

1.1.1 服装画的概念

服装画顾名思义是以表现服装为目的的绘画形式，用来表达服装款式和服装穿着后的状态，是集艺术与技术为一体的表达形式（图1-1-1）。

在服装设计过程中，服装设计师根据设计要求，寻找灵感，整理设计思路，绘制服装画，通过服装画将设计理念和设计意图转化为可视形态，为设计师与版师、样衣师等进行沟通提供依据，最终完成服装的制作。可以说服装画在服装设计过程中发挥着重要的作用，因此掌握服装画绘制技法是每个服装设计求学者和服装设计师应该具备的能力。

服装画有很多风格，比较常见的有卡通漫画风、写意风、写实风、装饰风和个人特色风等。卡通漫画风是指以卡通化的人物形象展示服装，具有个性美和打破传统的特点（图1-1-2）；写意风是省略式、归纳式、速写式的时装画风格，具有简洁、自然、流畅、生动的特点（图1-1-3）；写实

图 1-1-1　服装画

图 1-1-2　卡通漫画风　　　　　　图 1-1-3　写意风

风则具有细腻、逼真、清晰的特点（图1-1-4）；装饰风服装画装饰性强，色彩概括，线条流畅有序（图1-1-5）；个人特色风是指服装画具有强烈的个人特色和风格，辨识度高（图1-1-6）。

图1-1-4　写实风　　　　图1-1-5　装饰风　　　　　　　图1-1-6　个人特色风

1.1.2 服装画的分类

服装画绘制贯穿于服装设计的全过程，在设计的不同阶段需要用不同形式的服装画进行表达。一般服装画按照创作目的不同可以分为四类，分别是服装草图、服装款式图、服装效果图和时装插画。

1. 服装草图

服装草图是设计师记录设计灵感最快速的绘画方法。设计师通过简单的线条勾勒，快速记录瞬间灵感，表现出大概的设计意图与构想，不要求画面的完整性。

服装草图有时是设计师灵感再现时的感受涂鸦，有时是设计前期的初稿图。有的设计师会选择只用线条表达，称为线稿草图（图1-1-7）；有的设计师会将草稿进行简单的涂色，称为彩色草图（图1-1-8）。

图1-1-7　线稿草图　　　　　　　图1-1-8　彩色草图

2. 服装款式图

服装款式图是以平面形式表现服装款式结构的设计图，要求绘制严谨、规范、清晰。

款式图需要详细地绘制服装的结构细节，例如袖口、帽口、领口等细节处一定要表现准确；另外，款式图的大小比例、明线位置等也要清晰地标画。

为了便于指导生产，一般情况下需要在款式图旁边用文字说明型号、面料、辅料以及工艺要求等，款式图大多配合服装效果图或者工艺说明书出现。为了更准确全面地表达设计构思，一般设计师会同时画出服装的正面和背面的效果，如果服装内里有设计，设计师需要将内里部分的设计细节全部绘制出来。另外，服装中画不清楚的小细节还需要单独放大绘制。

款式图不追求立体感，一般采用黑白线稿的形式表现，也可以绘制成彩色稿，用以表现面料图案和色彩。目前款式图可以分为电脑服装款式图（图1-1-9）与手绘服装款式图（图1-1-10）。

图 1-1-9　电脑服装款式图　　　　　　图 1-1-10　手绘服装款式图

3. 服装效果图

服装效果图是指用以表现服装设计构思的概略性的绘画，主要表现人物着装后的状态，能够展示服装服饰的整体搭配效果，人物造型为衬托服装进行简化，并习惯纵向夸张。一般情况下，服装效果图旁边会附上设计说明、面料小样及服装正背面的款式图。

服装效果图可以准确表达出服装各部位的比例和结构，直观地把设计意图和追求的效果展示给服装制作人员，便于制作人员理解。服装效果图可以使消费者对服装留下深刻印象，激发购买欲，为服装厂商和销售商带来促销效果（图1-1-11）。

图 1-1-11　附有款式图的服装效果图

4. 时装插画

时装是款式新颖且富有时代感的服装，具有时间性、流行性和新颖性。

时装插画侧重于感性艺术表达，传达服装的风格化和艺术化，力求表现服装产品所营造的生活状态和环境气氛，画面效果更接近于绘画艺术，注重绘画技巧和视觉冲击力，具有很强的艺术性和鲜明的个性特征（图1-1-12）。

时装插画以宣传和推广为主要目的，是传递时尚信息的一种媒介，其对大众的服装审美有积极的推动作用（图1-1-13）。

图 1-1-12　时装插画 1　　　　　　　　图 1-1-13　时装插画 2

1.2　服装效果图常用工具介绍

1.2.1　绘画起稿工具

绘制服装效果图的第一步是起稿和画草图，在这一步通常需要用到铅笔、自动铅笔和橡皮等工具。

铅笔又分为石墨铅笔、彩色铅笔、碳画铅笔等。建议选择石墨铅笔进行起稿，因为碳画铅笔的铅芯硬度较低，浓度较高，绘画出来的线条色泽浓黑，容易在绘画时留下较重的线迹，不方便擦拭（图1-2-1）。而石墨铅笔铅芯更硬，并且选择性更多，有多种不同硬度的铅笔供我们选择。H代表硬度，笔芯越硬，数字越大，颜色越淡；B代表黑度，数字越大，颜色越黑（图1-2-2）。一般建议新手选择2H、HB、2B的铅笔进行草图绘制，线条细，易修改，也方便后续勾线。

自动铅笔（图1-2-3）也是在绘制草图的时候比较推荐的一种工具。有些自动铅笔经过生产商加工设计，笔杆具备防滑防汗的优点，绘制出来的线条干净、清爽。由于市面上自动铅笔的种类繁多，大家可以根据自己的审美选择自己喜欢的一款，笔芯0.3mm或者0.5mm都可以。

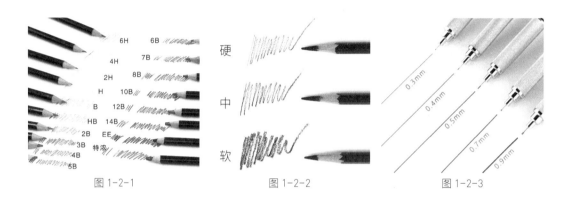

图 1-2-1   图 1-2-2   图 1-2-3

橡皮可以选择素描橡皮，柔软有韧性，不仅擦拭得比较干净，在擦拭时也可以减少对纸面的摩擦，从而保护纸面（图1-2-4）。

图 1-2-4

1.2.2　勾线工具

常用勾线工具包括针管笔、秀丽笔、双头水彩笔等。

针管笔也被称作勾线笔（图1-2-5），我们在用铅笔完成了人体和服装的起草之后，便可能需要用到针管笔对铅笔稿进行勾勒。勾线笔的型号也比较多，建议选择005、01和03型号的针管笔，绘制出来的线条较为纤细，书写时也比较丝滑。市面上针管笔种类繁多，最好选择防水性能好的、不易晕染的针管笔，这样在后续用马克笔或者彩铅上颜色时画面更加美观整洁。如果针管笔出现晕染或者出墨不顺畅的情况，整个画面可能会显脏甚至需要重新绘制。除了不晕染，有的针管笔还具有不褪色的特性，也可以选择购买这种勾线笔，可以帮助我们创作的作品长期保存不变色。

秀丽笔是另一种常见的勾线工具，它原本属于书法笔，分为小楷、中楷、大楷（图1-2-6）。由于秀丽笔笔头很软又不失筋道，能在服装效果图的绘制中发挥很大作用，尤其适合勾画服装的轮廓、衣服的褶皱等。需要注意的是秀丽笔的笔头很软，对于初学者来说不是很好掌控，可以多加练习，大胆运笔，尤其对于服装的轮廓线条来说，越谨小慎微越不能画出流畅的线条。

另外一种比较推荐的勾线工具是双头水彩笔（图1-2-7）。双头设计的水彩笔，一头是

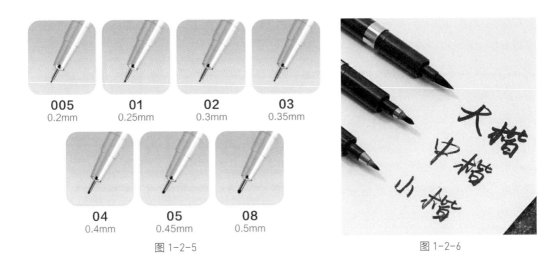

005	01	02	03
0.2mm	0.25mm	0.3mm	0.35mm

04	05	08
0.4mm	0.45mm	0.5mm

图 1-2-5

图 1-2-6

软头，一头是微孔笔头，软头可以用来涂色，微孔可以用来勾线。软头是纤维材质，绘制顺畅，笔头牢固耐压，非常耐用。双头水彩笔的颜色更为丰富，建议大家买一支棕色和一支浅粉色就够了。棕色的微孔笔头可以用来勾勒头发丝，软头可以用来给头发上色。浅粉色的软头用来绘制皮肤颜色，微孔头用来勾勒脸部、五官、手臂、腿部和脚部的线条。

图 1-2-7

1.2.3 上色工具

绘制服装效果图常见的上色工具包括彩色铅笔、马克笔等。

彩色铅笔采用矿物质铅芯，分为水溶性彩铅和油性彩铅。水溶性彩铅（图1-2-8）顾名思义可以溶于水，原本用彩铅画出来的线条纹理清晰，用小毛笔蘸水涂抹后，绘画效果更加有层次，有一种梦幻般的柔雾感，并且水溶性彩铅过渡比较自然，叠色也均匀。油性彩铅（图1-2-9）具有高显色度的特点，色彩明亮，纹理细腻，能够绘制出出色的色彩纹理。油性彩铅笔触细腻，适合用来勾勒人物的头发或者丝绒类的纹理，一丝一毫都能清晰可见。彩色铅笔因为易于上手、色彩绚丽饱满的优点受到很多初学者的喜爱。

图 1-2-8　　　　图 1-2-9

马克笔是绘制服装效果图最常用的工具之一（图1-2-10）。马克笔色彩鲜艳，颜色层次丰富，过渡自然，遇水也不易晕染，能够满足服装效果图绘制的设计表达。同时，马克笔属于方圆双头设计，圆头一般用来描绘细节，宽头用来平铺大面积润色，稍提侧峰可以让线条变得更细，能够满足不同线条的绘画角度。马克笔按照等级分为学生级和专业级，专业级的纤维头密度更高，对空间体块的塑造感更强，多用于专业的手绘表达，对于初学者来说学生级的马克笔就够用了。按照材料不同，马克笔又分为水性马克笔、油性马克笔和酒精性马克笔。水性马克笔颜色鲜艳，绘画时不易透纸，但多次叠加后颜色会变灰，容易损伤纸面。油性马克笔叠色出众，融色比较自然，色彩还原度高，颜色多次叠加也不会伤纸。酒精性马克笔易挥发，画面速干，渗透力比较强，且更加环保。建议大家可以购买酒精性马克笔，它环保，性价比高，颜色也丰富。

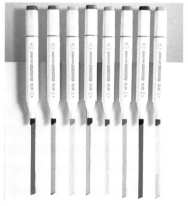

图 1-2-10

1.2.4 其他工具

其他的绘制工具包括纸张（图1-2-11）、直尺（图1-2-12）、高光笔（图1-2-13）等。

用马克笔进行服装效果图的绘制时可以选择专门的马克笔用纸，这种纸质地细腻、有韧性，混色效果明显，对色彩的还原度较高，纸张厚实，反复叠色也不会出现纸面起毛或者破损的情况。当然也可以选择厚一点的素描纸，这种纸表面顺滑，没有太明显的肌理，可根据自己的需要选择A4或A3。不要选择较薄、容易透色的纸张，容易在叠色时出现纸面破损，或者是马克笔晕染导致画面变脏。

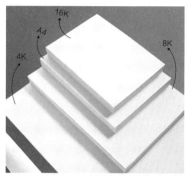

图 1-2-11

直尺也是在绘制服装效果图时比较常用的工具之一，用来帮助我们绘制辅助线。尤其是初学人体比例结构的时候，需要通过直尺绘制人体中心线、上边缘线和下边缘线，帮助初学者良好地把控人体的比例结构。

图 1-2-12

高光笔也是常用的一种辅助绘画工具，通常用在效果图的最后一步，起到点睛之笔的作用。绘制高光还有一种方式是直接留白，但留白不太好掌控，不小心画过了或者是太细小的高光都不适合用留白来操作，这时候就需要用到高光笔。例如，眼睛里的高光、服装面料上的高光都可以用高光笔进行绘制。

图 1-2-13

CHAPTER

02

第 2 章

服装画人体绘制

2.1 人体特点

2.1.1 人体比例

服装画要符合一定的人体比例标准，也就是说人体的整体和各个部分之间有一定的比例标准。通常我们以头的长度为度量单位，现实生活中正常的人体比例是7.5头身，为了符合时装表现的审美，我们可以根据不同表现需要做适当夸张，例如8.5头身、9头身等（图2-1-1）。

绘制8.5头身时上半身基本保持正常人体比例关系，重点在下半身拉长视觉效果，即在下肢部分增加一个头的长度，使人体看上去更加纤细、修长。

在时装画中，为了突出表现服装特质与风格，增强视觉感染力，强调氛围，通常会对人体比例做出更夸张的改变。时装画中常见的人体比例是9头身，通常的做法也是保持上半身的正常比例，主要增加腿部的比例。

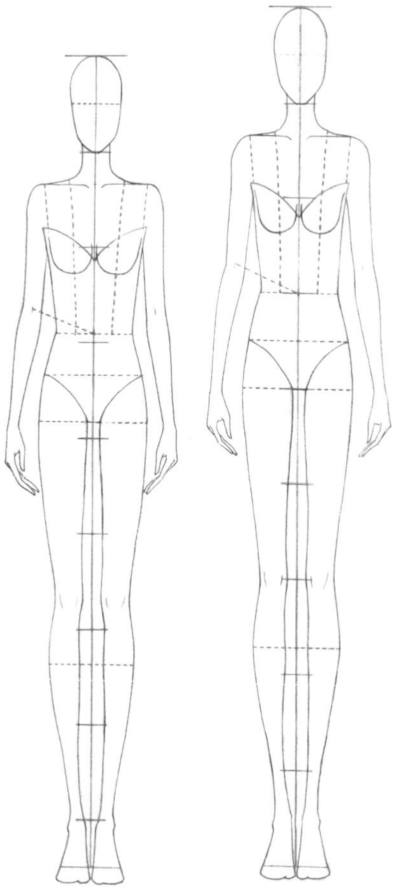

2.1.2 人体结构

服装画的表现建立在画好人体的基础上。人体的基本形体结构可以用几何形态归纳概括，也就是用球体、棱台体、圆台体等表现人的骨骼和肌肉呈现出的形态和动态。例如，我们可以将颈部看成圆台体，盆骨和胸骨看成四棱台体，小臂、小腿和大腿看成圆台体（图2-1-2）。

图 2-1-1

1　头——椭圆形

2　颈——圆台体

3　肩胛骨——三角形

4　肘部、膝盖——圆形

5　胸骨——四棱台体

6　上臂——圆台体

7　盆骨——四棱台体

8　小臂——圆台体

9　手——梯形和三角形组合

10　大腿——圆台体

11　小腿——圆台体

12　脚——梯形

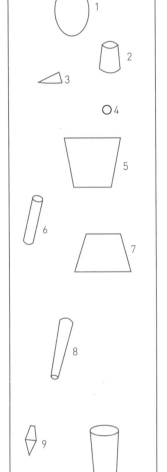

图 2-1-2

2.2 常用人体绘制

2.2.1 女性人体绘制

1. 绘制女性正面静态人体步骤

如图2-2-1所示，首先确定人体的最高点和最低点，并且引出一条中垂线（重心线）来保证模特的身体不倾斜。头部可以概括成两侧较方并向下回收的椭圆，颈部概括成矩形。腰部的线条在第3个头的三分之二处，胯部的线条大约在第4个头的位置。上半身的躯干可以概括成倒梯形，胯部可以概括成正梯形。

接下来确定四肢的形态与位置。手臂与手部的总长差不多3个头长，大臂和小臂的长度几乎一致。手肘的位置略低于腰部。一般来说，大腿与小腿的长度一致，但是为了表现比例的修长，通常会将模特的小腿画得更长一些。所以膝盖大概画在两个头长的位置，小腿与脚共同占据3个头长，这样在画完后小腿会比大腿看起来更长，又不会比例失调。四肢的形态也要多加注意。大臂的形态类似于一个瘦长的"8"字形，而大腿的形态则偏向于一个瘦长的倒梯形。小臂和小腿的形态较为接近，都类似于一个瘦长的菱形。手部在放松状态下可以概括为一个菱形，手背类似于梯形，手指部分类似于倒三角形。手背和手指的长度比例差不多为1：1。脚部可以概括为一个瘦长的梯形和一个倒三角形，切记不要把手和脚画得过大或过小。

女性正面人体所有的部分我们通过几何体表现出来之后，就需要通过线条将各个部位进行连接。头部的线条压着脖子，锁骨要压着斜方肌，小臂在前压着大臂，大拇指向上延伸的线和手腕交会时要压着手腕。同时，我们将身体以及腿部的线条绘制出来，一个女性正面的人体绘制就完成了。

2. 绘制女性正面动态人体步骤

首先我们先确定人体的最高点和最低点，并且引出一条中垂线来保证模特的身体不倾斜。头部概括成两侧较方并向下回收的椭圆，左右对称，颈部概括成矩形。定出肩斜线，肩宽大概1.5个头，胸腔线平行于肩线，宽度大概为一个头长。腰线与肩线斜度相反，裆底线与腰线平行，裆底线长度与肩宽大致相等为1.5个头宽。定出人体动态线。之后腿往下走，定出膝盖的位置，注意大腿与小腿的腿形。走姿的模特一般一条腿在前，一条腿在后。前面那条腿对应的脚部定位在重心线上。后面的腿因为有走动，所以脚面会被前面的腿挡住一部分。最后定出手臂的动态与位置，值得注意的是，如果两条手臂都是自由摆动的状态，那么左右两个手肘相连的直线的倾斜角度和肩线的倾斜角度应该是一致的。

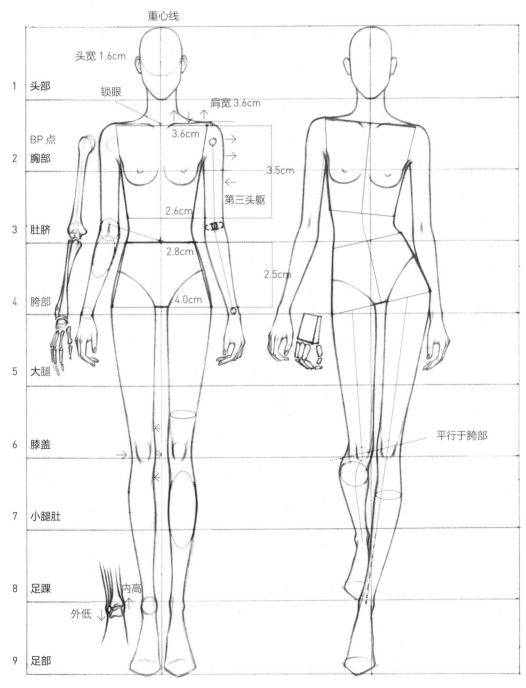

图 2-2-1

2.2.2　男性人体绘制

男性与女性人体相比，女性人体骨感，具有曲线美，男性人体骨骼结实、肌肉感强。主要区别有：男性面部比女性的方一些；男性较女性脖子略粗；男性肩膀宽厚，胸围较大；骨盆较女性窄而浅；四肢和腰部肌肉较明显，关节比较突出。

下面以9头高男性人体为例介绍绘制步骤和方法。

1.　绘制男性正面静态人体步骤

男性体型呈现的是宽肩、阔胸、细腰、窄臀的倒三角。视觉重心位于上半身，以展示力量感。此外男性的骨骼较为粗壮，肌肉更加发达。首先先确定人体的最高点和最低点，并且引出一条中垂线来保证模特的身体不倾斜。头部可以概括成两侧较方并向下回收的椭圆，男性颈部比女性更粗一些，腰节点位置比女性低。

接下来确定四肢的形态与位置。男性的四肢较女性更为粗壮，但基本形态不变。手臂与手部的总长差不多3个头长，大臂和小臂的长度几乎一致，手肘的位置差不多与腰部齐平。膝盖大概画在两个头长的位置，小腿与脚步共同占据3个头长。

男性正面人体所有的部分通过几何体表现出来之后，就需要通过线条将各个部位进行连接，勾勒出胸肌、腹肌、手臂肌肉和腿部肌肉。这样一个男性正面的人体就绘制完成了。

2.　绘制男性正面动态人体步骤

在绘制动态男性人体时，首先需要确定人体的最高点和最低点，引出一条中垂线为重心线，保持人体动态平衡，男性人体重心线落在支撑身体重量的一条腿上。然后确定动态线，决定人体动态变化的线有肩线、胸线、腰线和胯部线。肩线、胸线、腰线和胯部线的方向变化构成了走动的男性人体动态。需要注意的是，在人体动态下，胸廓的运动方向和盆腔的运动方向总是相反的；在绘制四肢时要有透视变化，如向后甩动的胳膊或腿会显得短小一些（图2-2-2）。

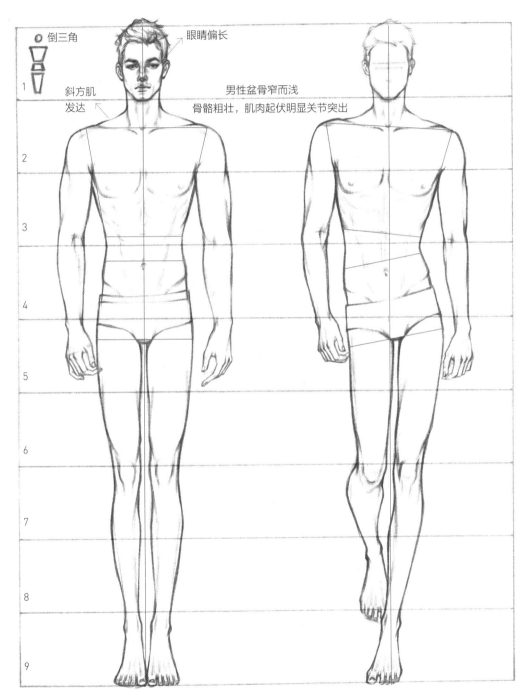

倒三角
眼睛偏长
斜方肌
发达
男性盆骨窄而浅
骨骼粗壮，肌肉起伏明显关节突出

图 2-2-2

2.3 人体局部绘制

2.3.1 五官的绘制

头部位于人体的一个核心位置，无论躯干还是四肢都是以头部为中线进行中心对称分布的。在服装画中，人体的面部造型和五官位置要遵循"三庭五眼"的原则。

"三庭"指的是从发际线到眉弓、从眉弓到鼻底、从鼻底到下颌三部分之间的距离相等。

"五眼"指的是以一只眼睛的宽度为单位，整个面部横向共分为五个眼宽的宽度，即两眼之间为一个眼宽，眼角外侧到头部一侧边缘的距离为一个眼宽（图2-3-1）。

图 2-3-1

1. 眼部

眼被称为"心灵的窗户"，眼部包括眼球、眼眶和眼睑三部分。

绘制眼部要注意几个细节。第一，眼球被上下眼睑所遮挡，因此不会是完整露出的正圆。第二，眼眶部分要注意眉弓的凸起和眉毛的结构。第三，上眼睑、下眼睑和眼球是包裹与被包裹的关系。第四，两只眼睛的内外眼角应该保持在一条轴线上。第五，绘制眼睛时，女性的眼睛可以略大，儿童的眼睛略圆，女性的睫毛可以略长，男性的眉毛可以略浓。

绘制侧面眼睛要注意透视，注意上下眼睑的倾斜关系。把眼睛看成球体，上下眼睑包裹着眼球。眼球不是正圆，要画出透视变形。眉毛和睫毛的线条要画得弯曲一些。

01 先确定出眼睛的长度和宽度，画出一个长方形作为定位的框。

02 确定内外眼角的位置，确定上眼睑最高点、下眼睑最低点。将眼睛的轮廓线画圆顺，表示出内眼角形态。

03 画出双眼皮，绘制眼球，注意眼球大约占眼睛的三分之一宽。

04 上眼睑的投影和瞳孔要注意加深。添加暗部细节，绘制出上下眼睫毛，从眼眶根部起笔向外拉伸弧线，末端线条变轻变细收尾。深入刻画细节并调整完成。

2. 鼻部

鼻子的整体形态近似棱台，主要由鼻弓和鼻翼组成。在服装画中，往往习惯突出眼睛，简略鼻部，因而可以多采用粗略概括的手法简单交代出鼻梁线和鼻底即可。

01 首先用长方形概括鼻子大形，找出中线方便对称两侧鼻翼。

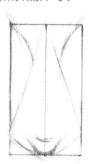

02 在长方形的基础上找出鼻子的具体形。在长方形的底部中间位置画出鼻中隔，定位出鼻翼的大致高度。从长方形上方两角起始点画两条弧线，绘制出山根。

03 画出对称的鼻孔，鼻孔连接着鼻中隔区域。在鼻中隔上方找出鼻头位置，画一个小圆圈，加重圆圈底部，形成鼻头的转折面。

04 擦掉辅助线，清理线稿，使线条更为柔和、连贯。强调鼻头和鼻梁的明暗交界线。加深鼻子在面部的投影。

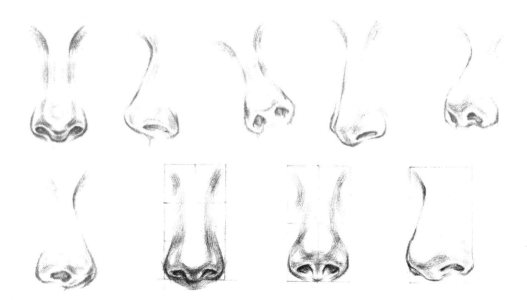

3. 嘴部

嘴部和眼部一样，都是非常富有表现力的。嘴部以唇中线为分界，分为上嘴唇和下嘴唇两部分。通常上嘴唇较薄，下嘴唇相对厚一些。略微上扬的嘴角可以表现出含笑的美感。

01 先确定出嘴的长度和宽度，找出左右对称线，用直线划分上下嘴唇。

02 在中心部位画出上唇的唇珠，中线上方绘制出向下凹的弧线作为唇峰。要注意一般上嘴唇比下嘴唇略薄些。

03 将线画圆顺，找出唇部具体形态细节。在下唇下方画出反向弧形，表现唇部下方的凹槽。

04 深入刻画细节，塑造出唇部的立体感，唇峰和下唇适当留白，塑造唇部反光效果。调整完成。

4．耳部

在服装画中，耳部通常为简练概括的部分。通常能交代清楚内外耳郭和耳孔即可，多采用流畅的线条，有时根据风格需要可以重点突出耳垂上的饰品。

 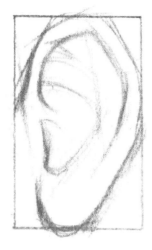 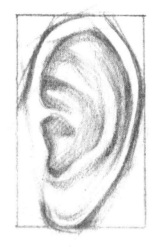

01 先确定出耳朵的长度和宽度，画出长方形。

02 用直线切出耳朵外轮廓，概括出耳屏、耳轮、耳窝、耳丘、耳垂等各部分的具体形。

03 深入刻画，根据结构起伏添加阴影，以表现其厚度，完善细节。

 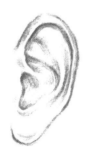   

2.3.2 手、脚（鞋）的绘制

1．手部

手由手腕、手掌及手指三部分组成。绘制手部时，一般以梯形或三角形的组合来加以概括，并常运用拇指、食指及小指三指的特点来设计手的姿态。服装画中手的造型可以在正常手的基础上适度夸张处理，不要画得太小，绘制力求简洁概括。女性的手纤细柔美，手指细长；男性的手比女性的手方硬，手指也较粗（图2-3-2）。

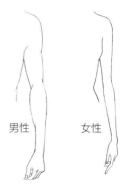

男性　　女性

图 2-3-2

01 用长直线概括手掌和手指的轮廓和动态。

02 绘制此动态中最突出的大拇指。

03 画出食指和中指，注意手指的粗细对比和穿插关系。

04 画出无名指，完善手部细节。

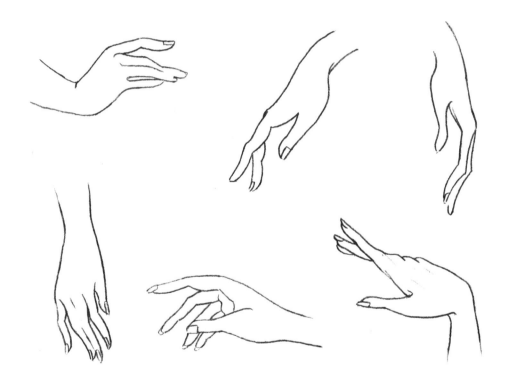

2. 脚部（鞋）

　　脚由脚踝、脚背、脚趾、脚后跟构成。一般人体脚的长度接近头长，服装画中的脚（鞋）可以适当夸张拉长处理，绘制时形状和细节都需要简化。在绘制时，要注意脚（鞋）的透视和左右脚（鞋）的对应关系。比如，处于一前一后的双脚，后面的脚要画小一些。另外，在绘制脚踝时注意内踝要高于外踝。

在绘制时装画时通常都是绘制穿鞋的脚，所以我们不仅要学会绘制脚部，还要学会绘制不同款式鞋的穿着状态。

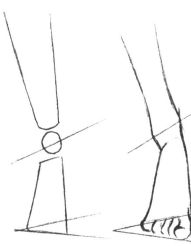

01 用长直线概括脚踝、脚背、脚趾的几何形态。

02 增加骨骼和肌肉，绘制脚踝、脚背、脚趾的造型。

03 在脚部的基础上绘制鞋的外轮廓形态。

04 刻画鞋子细节，绘制完整的穿着状态。

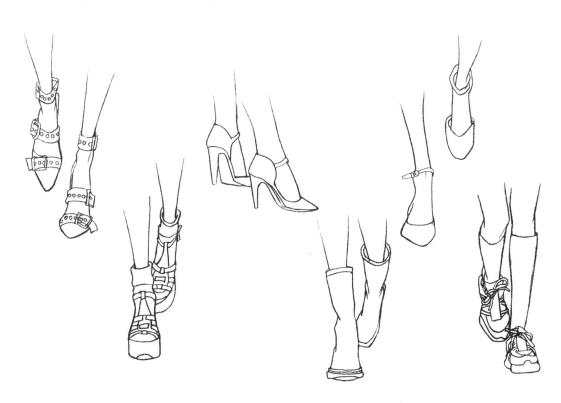

CHAPTER

03

第 3 章

服装效果图彩铅表达技法

3.1 用彩铅表达面料质感

3.1.1 牛仔面料绘制过程

牛仔面料是一种较粗厚的色织经面斜纹棉布，颜色以靛蓝色为主。因为坯布经过防缩处理，所以摸起来更紧实，缩水率比一般织物小，质地紧密，厚实，色泽鲜艳，织纹清晰。

我们在绘制牛仔面料的时候，可运用彩铅笔和软头水彩笔叠加绘制出牛仔布料的纹理，最后用白色的高光笔提亮白色的线条纹理。

绘画工具：橡皮、针管笔（软头水彩笔）、彩铅笔、白色高光笔、马克笔纸（或较厚的白卡纸）。

01 用蓝色彩色色铅笔或自动铅笔勾出牛仔裤门襟与口袋的形态，绘制出清晰整洁的线稿。

02 用颜色饱和度较高的蓝色彩铅从上至下顺着线稿规划的结构，平铺线条底色。

03 用饱和度相对低的深蓝色彩铅，加深塑造牛仔的肌理，塑造出基本的明暗关系，留白出其水洗效果（也可用橡皮擦拭）。

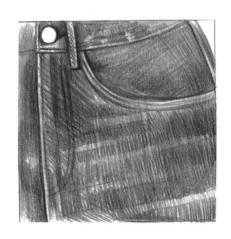

04 运用深灰和深蓝色彩铅，相互叠加融合，细腻地绘制竖条纹，塑造出牛仔布特有的面料质感。再用软头水彩笔（也可用针管笔）勾勒边缘线，完成绘制。

3.1.2 针织面料绘制过程

在绘制针织面料时，可多用排列的线条来处理针织的纹理细节及层叠关系，再加强塑造出针织面料的浅浮雕感，运用彩铅能很好地突出茸毛感。

绘画工具：自动铅笔、橡皮、彩色铅笔、针管笔、软头水彩笔、白色高光笔。

01 用土黄色彩铅或自动铅笔勾出针织面料的肌理图案，绘制出清晰整洁的线稿。

02 用土黄色和棕色彩铅顺着纹理的方向叠加线条，塑造针织纹理的体量感，让麻花纹更为立体，让竖纹有凸凹的层次感。

03 将彩色铅笔削尖，由麻花辫缝隙处顺着麻花的弧度叠加细腻的线条，刻画出细细的毛织感。再加强勾勒边缘线，把边缘线周围的阴影加深，让麻花更为立体。在竖纹上叠加直线的小格纹，丰富画面细节，完成绘制。

3.1.3 纱质面料绘制过程

纱质面料有清透蓬松之感，在绘制时可运用彩铅突出这种特性。例如，在皱褶处和重叠处可加重勾勒边缘线的线条。绘制薄纱下的皮肤时，注意浅色的薄纱会让皮肤色弱化，深色的薄纱会让皮肤色加深加灰。薄纱犹如带颜色的滤镜覆盖在皮肤之上，如果把握好颜色关系，就能突出薄纱的清透和蓬松。

01　用蓝色彩铅或自动铅笔勾出纱裙部分的皱褶形态，注意疏密关系，线条由腰间画出，向裙下散开，绘制出清晰整洁的线稿。

02　用蓝色和紫色彩铅上裙子的底色，从上至下顺着线稿规划的结构，平铺长直的线条画出底色。

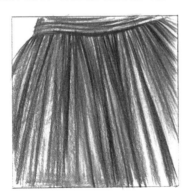

03　用较深的蓝色彩铅加深薄纱的阴影处，如腰间的缝合处，薄纱的皱褶；用饱和度较高的颜色顺势均匀平铺薄纱的颜色，塑造出明暗关系。

04　用软头水彩笔（也可用针管笔）勾勒皱褶的边缘线，再次用彩铅深入丰富颜色，最后用橡皮擦亮皱褶光亮处，完成绘制。

3.2 用彩铅表达服装款式

3.2.1 上衣款式绘制 - 毛呢外套

彩铅微微粗糙的磨砂感非常适合绘制毛呢质感，我们可以用笔尖打小圈的方法来绘制。

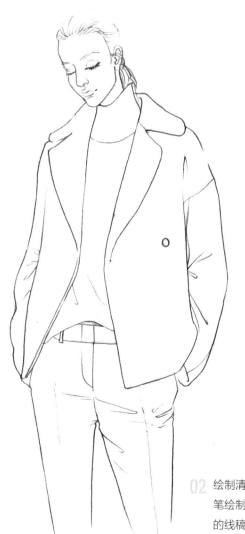

01 起稿：用自动铅笔起稿，找好人物比例，用松散概括的直线勾勒出人物形态，头微微低垂，肩膀放松，双手插兜，注意脖颈关系，面部的透视，要画得自然合理。

02 绘制清晰的线稿：参考铅笔起稿线，用自动铅笔绘制清晰的线稿，将参考线擦去，留下干净的线稿。注意描绘毛呢大衣线条时，要表达出其厚度，其外轮廓线是圆润且钝拙的。

03 绘制底色：用粉色彩铅大面积铺涂毛呢大衣的固有色。里面的针织高领毛衣按着竖纹针织的方向来绘制线条。毛呢大衣也顺着大衣自然的垂坠方向来绘制线条。

05 整体勾线：用软头水彩笔勾勒毛衣的纹路，用01号针管笔勾勒整个人物的轮廓线，完成绘制。

04 深入塑造：用软头水彩笔加深阴影，用粉色彩铅打圈绘制毛呢的质感，深入塑造毛呢大衣的厚度感。用橡皮擦出毛呢的亮面，用灰色马克笔绘制裤子阴影及面部阴影轮廓，让整个人物更加立体。

3.2.2 裤装款式绘制 - 牛仔裤

在绘制牛仔裤时，由于其面料特性，水洗处有花白的效果，我们前面讲了面料的画法，在体现其质感时也要注意表达整体裤子的效果。

01 起稿：用自动铅笔按8.5个头身起稿，那么从腰间到脚踝是5个头的长度，膝盖在腰往下3个头的位置，用概括的直线勾勒出轮廓。画面右侧的腿为重心，笔直支撑，画面左侧的腿要画得自然，腿侧身微曲。

02 绘制清晰的线稿：参考铅笔起稿线，用自动铅笔绘制清晰的线稿，将参考线擦去，留下干净的线稿，并丰富线稿的细节，如裤子的装饰线和细微皱褶等。

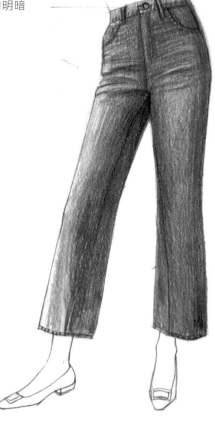

03 绘制底色：用蓝色彩铅大面积铺涂牛仔裤的底色，线条根据牛仔裤的走向，亮面浅浅留白，暗面深一些，找出基本的明暗关系。

04 深入塑造：用蓝色彩铅深入塑造牛仔的颜色，可用2~3种蓝色顺着裤腿的方向，绘制细密的纹理基调，加深暗面的阴影过渡，让裤型更加立体。用橡皮擦拭褶皱处，制造出白色水洗效果。

05 整体勾线：用005或01号针管笔勾勒整个裤子的轮廓线及装饰线，完成绘制。

3.2.3 裙装款式绘制-条纹皱褶连衣裙

彩铅可绘制细腻的褶皱、压褶效果，绘制时也可结合马克笔节约绘画时间，丰富画面效果。

01 起稿：用自动铅笔按8.5头身起稿，找好人物比例，腰部细节在第3个头的位置。这张的中线参考线，和重心线一致，左侧的腿支撑，右侧的腿微屈放松，用概括的直线勾勒出轮廓。

02 绘制清晰的线稿：参考铅笔起稿线，用自动铅笔绘制清晰的线稿，将参考线擦去，保持画面干净。

03 绘制底色：用土黄色马克笔的宽头绘制裙身的横条纹，注意用条纹的起伏来表现人体的起伏。绘制人物的皮肤、五官、头发等。

05 整体勾线：用01号灰色针管笔勾勒整个人物的轮廓线和裙身的线条，用软头水彩笔勾勒头发的线条，完成绘制。

04 深入塑造：用土黄色马克笔的宽头绘制裙身的竖条纹，用棕色彩铅绘制小细线，塑造出裙身的纹理。

3.3 用彩铅表达服装整体

3.3.1 薄纱礼服绘制

　　绘制薄纱裙时，可通过衬裙和人物皮肤的衬托，而更好地突出薄纱感，所以绘画时也会在这方面着重笔墨。

01　起稿：由于人物是迈步的形态，所以会比8.5头身比例矮一些，找好人物比例，用自动铅笔概括勾勒出轮廓，这个步骤主要着重于找到舒服的比例。

02　绘制清晰的线稿：参考铅笔起稿线，用自动铅笔绘制清晰的线稿，将参考线擦去，留下干净的线稿，画出裙子上的小花图案。

03　绘制底色：用土黄色马克笔绘制衬裙，用棕色和红棕色的马克笔绘制鞋子和头发，用肤色马克笔绘制皮肤的底色，并加以塑造。

04 用蓝色和紫色彩铅勾勒出薄纱的底色，小花图案留白，注意皱褶和边缘处颜色要重一些，然后完善头部和妆容。

05 深入塑造：用蓝色和紫色彩铅加深塑造纱裙，让纱裙和衬裙的颜色对比更强烈；将前后纱裙叠加处颜色加深，拉开纱裙前后空间。用软头勾线笔勾勒裙身的皱褶线和纱裙的珍珠装饰点，衬托出白色花朵。

06 整体勾线：用灰蓝色系软头水彩笔勾勒纱裙细节轮廓和裙身的皱褶线条，线条要流动柔顺（自然朝左下方），用01号针管笔勾勒整个人物的轮廓线，裙身外轮廓线画重一些，看起来整体一些，完成绘制。

3.3.2 格子西装绘制

01 起稿：用自动铅笔按8.5头身起稿，找好人物比例，用概括的直线勾勒出轮廓。人物为3/4侧身，上身偏正，左腿为重心，中线参考线与左腿重合，肩膀自然垂下，画面左侧手部拿有皮包，右腿微屈。

02 绘制清晰的线稿：参考铅笔起稿线，用自动铅笔绘制清晰的线稿，将参考线擦去，留下干净的线稿。绘制清晰的五官，衣服的细节，裤子的皱褶等；服装面料挺括，线条可以多用直线概括。

03 绘制底色：用灰色彩铅铺涂西装的底色，上色时可以留下线条感，这样更贴近格纹西装面料的质感。塑造基础的明暗关系，将左侧暗面的交界处加重。用肤色马克笔绘制人物的手、脚、面部，用黑色马克笔绘制头发，刻画皮肤色阴影，让人物更加立体。

04 深入塑造：用黑色软头水彩笔勾勒格纹西装的线条，格纹伴随身体的起伏而变化；用红色马克笔绘制皮包，皮包亮面用马克笔轻扫，留出光感。

05 整体勾线：用01号针管笔勾勒整个人物的轮廓线；用红色软头水彩笔勾勒格纹，用黑色软头水彩笔绘制凉鞋；用白色高光笔提亮皮包的高光及反光亮面，完成绘制。

3.3.3 休闲装绘制

绘制休闲装时，先用彩铅密集排线，再用马克笔轻晕染的方式，可塑造出有光感的挺括面料。

01 起稿：用自动铅笔按8.5头身起稿，找好人物比例，用概括的直线勾勒出轮廓。可通过画参考线，如画面中线，肩线、腰线的方法来辅助找型，注意肩膀的倾斜较大。

02 绘制清晰的线稿：参考铅笔起稿线，用自动铅笔绘制清晰的线稿，将参考线擦去，留下干净的线稿，并画出人物的五官、头发、衣服扣子、鞋子等细节。

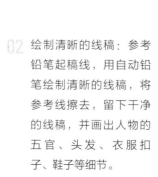

03 绘制底色：用黄绿色彩铅整体铺涂，塑造基础的明暗关系，画面左侧为受光面颜色较浅，画面右侧为暗面颜色较深；用肤色马克笔绘制人物的手、脚、面部，用黑色和棕色马克笔绘制头发，绘制锁骨处皮肤上的阴影，让人物更加立体。

04 深入塑造：休闲装为偏绿和棕的卡其色，在受光面细腻地铺涂颜色，少量留白，可在阴影处多混入棕色系且叠涂少量的紫色，褶皱处要细腻、柔和、浑圆，加深颜色塑造，使人物更加立体。

05 整体勾线：完善细节，用灰色01号针管笔勾勒整个人物的轮廓线，用同色系浅色马克笔整体晕染，完成绘制。

CHAPTER

04

第 4 章

服装效果图马克笔表达技法

4.1 用马克笔表达面料质感

4.1.1 格纹面料质感表达

　　绘制格纹的过程就是在拆解格子、依次叠加的过程；马克笔的方头特别适合绘制宽格纹，我们还常用针管笔和高光笔辅助绘制细节。

01　用红色彩铅或自动铅笔勾出格
　　纹的结构，绘制出清晰整洁的
　　线稿。

02　用红色马克笔的宽头
　　平铺底色，再用深一
　　些的红色绘制交错的
　　格纹。

03　用红色及黑色的针管
　　笔在格纹上绘制斜纹
　　线条，再次用深红色
　　马克笔加深格纹。

04　用白色高光笔绘制斜纹，完成
　　格纹的绘制。因为马克笔的性
　　能是浅色无法遮盖深色，所以
　　绘画思路是先画浅色再叠加深
　　色，然后绘制装饰线，最后用
　　白色高光笔绘制细节（白色高
　　光笔具有一定的遮盖性）。

4.1.2 缎面面料质感表达

马克笔通过多次晕染过渡能很好地表现出绸缎的光泽感。

01 用粉色马克笔的软头笔尖勾勒出绸缎打褶的线稿，绘制出清晰整洁的线稿。

02 用粉色马克笔宽头按照皱褶的方向平涂晕染，加深暗面，光面浅浅地留白。

03 用粉色马克笔深入塑造，叠加浅紫色丰富颜色。加重暗面阴影，在暗面加一些冷灰色。多次晕染让其质感光滑，让画面层次更丰富。

04 用软头勾线笔整体勾线，用高光笔点缀面料的高光，完成绸缎皱褶的绘制。

4.1.3 皮革面料质感表达

绸缎和皮革面料都具有光感，但皮革面料更加厚重，其光泽感也是柔和而有磨砂感的，在用马克笔绘制时颜色的叠加应更加丰富。

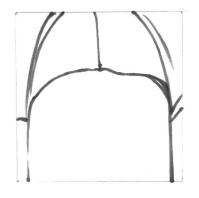

01 用黑色马克笔的软头笔尖勾勒出皮装的袖笼，绘制出清晰整洁的线稿。

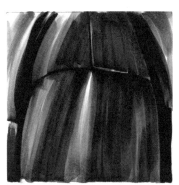

02 用黑色马克笔按照袖子的方向平涂，加深暗面，光面浅浅地留白。

03 用马克笔深入塑造，叠加丰富颜色，在暗面混一些暖棕色，在过渡面混一些冷灰色，加重暗面阴影，亮面的灰度也要高一些，可叠涂一些浅灰蓝色。注意不用像绸缎一样叠涂得很光滑，自然平涂概括出大面即可。

04 用针管笔整体勾线，用高光笔点缀皮质的高光，完成皮质面料的绘制。

4.1.4 印花面料质感表达

马克笔的软头笔尖很适合绘制印花图案，灵活结合软头水彩笔勾线，能很好地表达图案丰富多彩的印花服饰。

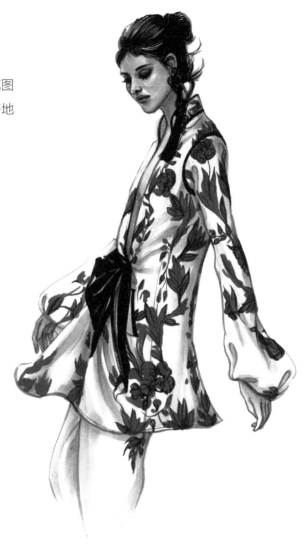

01 用蓝色马克笔软头先绘制画面中颜色最浅的花纹，绘制时用顿笔、挑笔的方法可更好地完成花瓣的形状。

02 用紫色马克笔软头绘制较深的面积较大的中心花纹，用顿笔的方法绘制会使花瓣更加饱满。

03 用紫色马克笔软头画线，点缀出花蕊，接下来用蓝色马克笔绘制较深的蓝色花瓣，完成印花图案的绘制。绘制思路是先画大面积的浅色色块，再叠加大面积的深色色块，最后画更深的小面积线条。

4.2 用马克笔表达服装款式

4.2.1 上衣款式绘制 – 羽绒服

羽绒服的细腻质感跟绸缎很像，但它蓬松又有型，要着重刻画羽绒服的轮廓、分割线，塑造它的体量感。

01 起稿：用自动铅笔按8.5头身起稿，找好人物比例。用概括的直线勾勒出轮廓，用弧线找好大概的比例；人物动势为左侧手放松插兜，右侧手拉着拉链，身体微微后倾。

02 绘制清晰的线稿：参考铅笔起稿线，用自动铅笔绘制清晰的线稿，将参考线擦去，留下干净的线稿。注意羽绒服缝合线处会有细小的皱褶，其外轮廓较圆，线条也要表达出其厚度。然后画出拉锁、手部、口袋等细节。

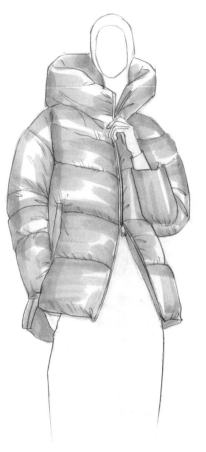

03 绘制底色：用蓝色马克笔按着由边缘向内侧的方式横向扫笔，绘制出羽绒服的底色，光面留白，分出暗面和亮面，将暗面加深。

04 深入塑造：用灰蓝色系马克笔加深暗面，让侧立面更立体。用黑色马克笔绘制黑色毛衫及裤子的底色，拉开画面层次感。接着丰富颜色，用淡灰紫色马克笔叠涂晕染，让羽绒服颜色过渡更自然。

05 整体勾线：用005~02号针管笔勾勒整个人物及羽绒服的轮廓线，外轮廓相对粗一些，缝合皱褶线细一些，完成绘制。

4.2.2 裤装款式绘制－皮质短裤

绘制亮面皮质短裤时，应着重表达它油亮的光感，多运用软头笔尖挑笔结合扫笔的方法来塑造。

01 起稿：用自动铅笔起稿，找好人物比例，以腰部到膝盖大概3个头长，用概括的直线勾勒出轮廓，皮裤的材质厚实，褶皱隆起大。

02 绘制清晰的线稿：参考铅笔起稿线，用自动铅笔绘制清晰的线稿，将参考线擦去，留下干净的线稿。因为是皮质，所以褶皱会明显一些，线条也要有起伏顿挫。注意画好门襟、纽扣、腰带、翻起的裤边等细节。

03 绘制底色：按着褶皱及裤子的走向，用黑色马克笔宽头扫笔加软头挑笔的方式铺色，绘制出皮裤的底色，光面留白。

04 深入塑造：用黑色马克笔加
深皮裤的暗面，增加层次
感；可用灰色马克笔叠加和
晕染，让颜色过渡更自然。

05 整体勾线：用005~02号针管笔
勾勒人物及皮裤的轮廓线，腰
带、门襟、纽扣及外轮廓用相
对粗一些的针管笔，褶皱线用
细一些的针管笔；再用白色高
光笔勾勒高光，完成绘制。

4.2.3 裙装款式绘制 - 印花连衣裙

前面讲了印花的绘制过程,我们需要根据颜色叠加的顺序,一步一步地由浅到深叠色塑造,并增加细节,可结合马克笔及软头水彩笔进行绘制。

01 起稿:用自动铅笔起稿,找好人物比例与动势。本案例中的人体扭动较大,可参考人体中线,两个肩膀耸起,头往右扭,用概括的直线勾勒出轮廓。

02 绘制清晰的线稿:参考铅笔起稿线,用自动铅笔绘制清晰的线稿,将参考线擦去,留下干净的线稿。注意画好胸前的蝴蝶结、衣服的分割线、人物的五官、头发等细节。

03 绘制底色:用马克笔铺涂裙子的底色,皮肤色、头发、五官等;裙子用偏灰的米黄色马克笔打底,宽头扫笔铺色,再用偏紫的冷灰色马克笔叠加加深裙子的阴影;皮肤整体颜色较深,亮面(如颧骨、肩膀)除了基础的皮肤色,还可晕染偏橘粉的肉色,让人物更红润,暗面(裙底以及整体左侧暗面)叠加偏灰的棕色。

04 深入塑造：用黄色软头马克笔勾勒出裙身上香蕉图案的底色。（先画浅色再画深色）

05 用马克笔软头结合软头水彩笔勾勒出叶脉的形态，再绘制香蕉的细节。

06 整体勾线：用005~02号黑色针管笔勾勒整个人物及裙身的轮廓线和分割线，完成绘制。

4.3 用马克笔表达服装整体

4.3.1 礼服绘制

在画颜色艳丽、剪裁贴身的绸缎礼服时，铺好底色后，可通过晕染叠涂饱和度高的同色系浅色的方法，让绸缎礼服富有光滑的质感。

01 起稿：用自动铅笔按8.5头身起稿，找好人物比例。用概括的直线勾勒出起稿线。

02 绘制清晰的线稿：参考铅笔起稿线，用自动铅笔绘制清晰的线稿，将参考线擦去，留下干净的线稿。绘制清晰的五官，衣服挑褶和层叠的细节。注意此面料较挺括，线条可以多用直线概括。

03 绘制底色：用蓝色马克笔宽头顺着礼服的走势铺涂裙身的颜色，褶皱处微微加深，区分出层叠的效果。用肤色马克笔铺涂皮肤，用棕色马克笔铺涂头发的底色，皮肤的亮面应薄涂，暗面叠涂加深。

04 深入塑造：塑造裙子的明面关系，加深裙身的暗面，亮面用浅蓝色马克笔叠涂，加强晕染，使裙身更加光滑流畅。深入塑造面部五官，加深人物皮肤的暗面及阴影，让人物更加立体，在颧骨叠淡粉色让妆容更加红润。

05 整体勾线：用005~02号灰色针管笔勾勒整个人物的皮肤和五官的轮廓线，用软头水彩笔的深蓝色勾勒裙身，再用白色高光笔勾勒高光，完成绘制。

4.3.2 婚纱绘制

　　白色系的婚纱多选用高级灰的颜色来绘制暗面，可选用有颜色倾向的灰色系，如偏黄、偏紫、偏蓝的灰等，这样的画面会显得生动且干净。

01 起稿：用自动铅笔按8.5头身起稿，找好人物比例。本案例中裙摆较大，人物身体后倾，注意参考中线，用概括的直线勾勒出起稿线。

02 绘制清晰的线稿：参考铅笔起稿线，用自动铅笔绘制清晰的线稿，将参考线擦去，留下干净的线稿。绘制清晰的五官，衣服掐褶和鞋子等细节。

03 绘制底色：用浅灰色马克笔
宽头顺着礼服的走势铺涂裙
身的颜色，褶皱处微微加
深。接着铺涂皮肤及头发的
底色，因皮肤的颜色较深，
可用肤色马克笔加深晕染，
受光处微微留白。

04 深入塑造：用冷灰色马克
笔叠加加深裙身的暗面，
塑造裙子的明面关系。深
度塑造五官。

05 整体勾线：用005~02号灰色针管
笔勾勒整个人物的皮肤、五官和
裙身的轮廓线，完成绘制。

4.3.3 西装绘制

绘制深色西装时，为了体现西装光滑的质感和挺括的外形，可用马克笔多次晕染叠色来达到效果。

01 起稿：用自动铅笔按8.5头身起稿，找好人物比例，用概括的直线勾勒出起稿线，用阔腿裤挡住鞋子，腿显得更修长了。

02 绘制清晰的线稿：参考铅笔起稿线，用自动铅笔绘制清晰的线稿，将参考线擦去，留下干净的线稿。绘制清晰的五官，以及包包、扣子和腰带等细节。

04 深入塑造：绘制加深西装的暗面，加深暗面不是单单指对底色的加深，为了避免颜色显深显脏，这里选用有红棕色倾向的颜色绘制暗面，整个西装的颜色就会更亮一些，也可多次晕染浅色，使面料的表达更光滑，然后再绘制五官、头发、腰带及包包。

03 绘制底色：用土黄色马克笔宽头顺着西装的走势铺涂西装的底色。用肤色马克笔铺涂皮肤，用深棕色马克笔铺涂头发的底色。

05 整体勾线：用005~02号黑色针管笔勾勒整个人物的五官，包包、腰带和西装轮廓及细节。用绿色系针管笔绘制内搭的竖纹，完成绘制。

CHAPTER

05

第 5 章

服装款式图电脑绘制

5.1　服装款式图绘制要求和绘制方法

　　服装款式图的通常表达形式为服装正、背面平面图，包含服装的廓形、结构、工艺、细节等。在服装设计中，服装款式图经常用于与版师、工艺师沟通，是服装设计重要的表现形式。

　　绘制服装款式图，首先选择合适的人体模板，在人体模板的基础上进行款式图的绘制。服装款式图的绘制要求廓形正确、结构清晰、比例正确、工艺明确，可以正确地表达服装的设计意图。

　　绘制服装款式图可以运用手绘或电脑绘制。在服装设计领域，常用于绘制款式图的电脑软件有 Adobe Illustrator、CorelDraw 等。在本书中，我们将讲解运用 Adobe Illustrator 软件绘制服装款式图的方法。

5.2　服装款式图绘制软件介绍

　　服装画（服装设计效果图）是以服装设计为载体的艺术表现形式，它借助于服装的造型来体现人们多种多样的审美感受。服装画具备双重定义：一方面，服装画属于实用艺术范畴；另一方面，服装画以绘画为媒介得以展示服装视觉美感，具有视觉艺术价值。

　　Adobe Illustrator，简称 AI，是一款专业的矢量处理软件，也是集矢量图形绘制、设计排版、文字编辑等功能于一体的专业设计软件。AI 软件可用于插画设计、海报设计、平面设计、服装设计等多种设计行业中。在服装设计领域，我们通常使用 AI 软件进行服装款式平面图绘制、花型绘制、企划排版等。在本书中，我们用于示范的 AI 软件版本为 Adobe Illustrator 2020 Windows 版本。

5.2.1 AI 软件操作界面介绍

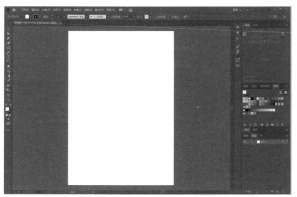

01　AI 软件操作界面包含五大区域，分别为菜单栏、属性栏、工具栏、面板栏及工作区。启动 AI 后，单击左上角菜单栏的"文件 – 新建"，出现"新建文档"对话框，新建"A4"大小"竖向"文档，单击"确定"，即可显示完整的 AI 操作界面。其中，操作界面中间的白色区域为工作区域。

02　操作界面的左上方为菜单栏，菜单栏包含 AI 中的全部操作指令。单击菜单栏上的项目即可显示相应的子菜单，对应相应的功能。

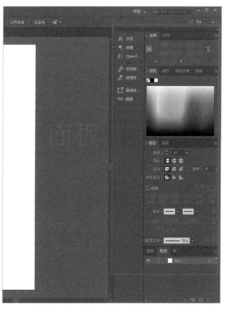

03　操作界面的左边为工具栏，工具栏包含 AI 中的编辑工具，每个工具对应相应的操作功能。如果工具的右下方有三角图标，则表示该工具中包含隐藏工具，右键该工具，即可显示出被隐藏的工具。

05　操作界面的右侧为面板栏，面板栏里面是一些常用的功能键。可以通过菜单栏中的"窗口"菜单勾选常用的面板，进行编组、叠放或自由浮动等。通过面板栏也可以快速访问制作对象的数值和参数。

04　操作界面中，菜单栏的下方为属性栏，用于调整操作参数，属性栏与工具栏息息相关。

5.2.2 AI 常用工具介绍

以下表格为 AI 工具栏中常用工具介绍，其中，在绘制服装款式图中，钢笔工具为最常用的工具。

AI 常用工具一览表

序号	名称	图标	功能介绍
1	选择工具		选择工具可对图层中的对象进行选择，选择后可以移动被选中的对象，也可以对其尺寸大小进行调整
2	直接选择工具		直接选择工具可以选择锚点，对锚点进行调整。直接选择工具对于图形的编辑非常重要，可选择图形中的锚点或路径对图形进行变形编辑
3	钢笔工具		钢笔工具是绘制服装款式图的主要工具，钢笔工具可以用于绘制图形和路径
4	曲率工具		曲率工具用于绘制平滑曲线，在服装款式图绘制中，可以使用曲率工具绘制荷叶边，裙摆曲线等
5	矩形工具		矩形工具用于绘制矩形图形。在矩形工具的隐藏工具中，分别有椭圆工具、多边形工具、星形工具和直线段工具。这些工具均为绘制工具
6	画笔工具		画笔工具用于绘制线条。可通过调整画笔的笔触等属性调节绘制线条的效果
7	文字工具		文字工具可在图层中添加文字，可对文字进行字体样式、大小等调整
8	旋转工具		旋转工具可对选中的路径或图形进行旋转。在旋转工具的隐藏工具中有镜像工具。在服装款式图的绘制中，我们常使用此工具对选区进行镜像操作
9	橡皮擦工具		橡皮擦工具可用于擦除图形，在 AI 中，使用橡皮擦工具可以将一个对象分割成两个部分
10	渐变工具		渐变工具可用于将文字或矢量区域填充渐变色效果
11	吸管工具		吸管工具可以吸取样式、颜色，也可以快速统一字体
12	缩放工具		缩放工具可以对画布进行大小缩放
13	抓手工具		抓手工具常常配合缩放工具进行使用，用于拖动画布

5.2.3 AI 常用快捷键

以下表格为 AI 常用快捷键介绍，Windows 系统和 Mac 系统的快捷键略有不同。熟练掌握快捷键的应用能节省很多操作时间。

服装款式图绘制中 AI 常用快捷键

快捷键	Windows 系统	Mac 系统
选择工具	V	V
直接选择工具	A	A
钢笔工具	P	P
添加锚点工具	+（加）	+（加）
删除锚点工具	−（减）	−（减）
文字工具	T	T
画笔工具	B	B
旋转工具	R	R
镜像工具	O	O
剪刀工具	C	C
抓手工具	H	H
还原	Ctrl+Z	Command+Z
复制	Ctrl+C	Command+C
粘贴	Ctrl+V	Command+V
粘贴在前面	Ctrl+F	Command+F
粘贴在后面	Ctrl+B	Command+B
原位粘贴	Shift+Ctrl+V	Shift+Command+V
存储	Ctrl+S	Command+S
显示 / 隐藏画板标尺	Ctrl+R	Command+Option+R
退出全屏模式	Esc	Esc
放大	Ctrl+=	Command+=
缩小	Ctrl+−	Command+−
隐藏 / 显示参考线	Ctrl+;	Command+;
锁定 / 解锁参考线	Alt+Ctrl+;	Option+Command+;
显示 / 隐藏智能参考线	Ctrl+U	Command+U

5.3 服装款式图局部绘制

5.3.1 衣领的款式绘制

1. 圆领

示例：

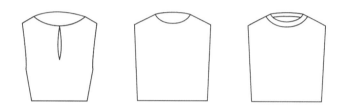

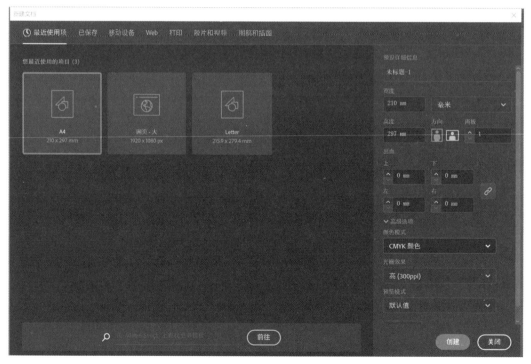

01 **新建画布** 打开 AI 软件，在菜单栏中选择"文件－新建文档"，创建"A4"大小画布，参数为"210mm×297mm""竖向"，分辨率"300ppi"。

02　**插入人体模板**　将人体模板 AI 文件拖入工作区，并将人体模板图层锁定。以人体模板作为绘制参考，新建图层 2，在图层 2 上进行绘图操作。

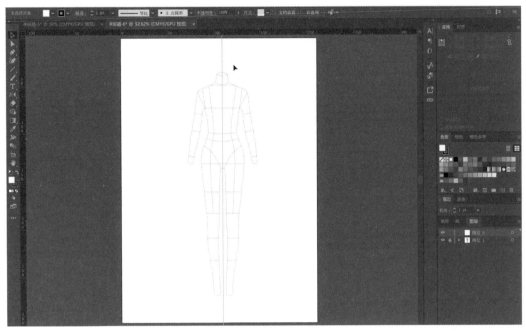

03　**建立参考线**　按快捷键〈Ctrl+R〉显示标尺，用鼠标单击画面左侧或画面上方标尺拖拽出参考线，并将参考线放置在人体模板中线的位置。

04　**钢笔工具设置**　选择"钢笔工具"，将钢笔工具"属性"设置为"黑色描边""无填充"，根据需要绘制的内容设置钢笔工具的描边粗细等。

05　**使用"钢笔工具"绘制圆领路径**　以人体模特为模板，参考线为基准线，用钢笔工具绘制左半边衣领部分。

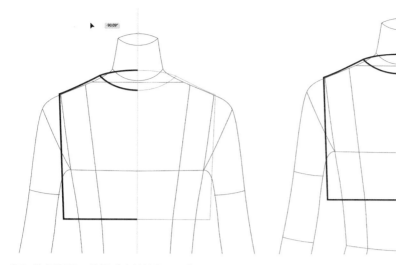

<table>
<tr><td>06</td><td>**路径调整**　选择"直接选择工具"，可对路径及路径弧度进行调整。完成左半边衣领的绘制。</td><td>07</td><td>**镜像工具**　完成左半边的衣领绘制后，单击"选择工具"，将左半边路径全部框选。按〈Ctrl+C〉复制路径，按〈Ctrl+F〉粘贴在前面，选择"镜像工具"，设置镜像角度为"-90°"，将复制的路径镜像操作到右边，完成领型的绘制。</td></tr>
</table>

08　**保存文件**　绘制完成后，单击"文件 - 存储"，对文件进行 AI 格式的保存。

2. 衬衫领

示例：

01　**新建画布**　打开 AI 软件，在菜单栏中选择"文件 - 新建文档"，创建"A4"大小画布，参数为"210mm×297mm""竖向"，分辨率"300ppi"。

02　**插入人体模板**　将人体模板 AI 文件拖入工作区，并将人体模板图层锁定。以人体模板作为绘制参考，新建图层 2，在图层 2 上进行绘图操作。

03　**建立参考线**　按快捷键〈Ctrl+R〉显示标尺，用鼠标单击左侧或上方标尺拖拽出参考线，并将参考线放置在人体模板中线的位置。

04 **使用"钢笔工具"绘制衬衫领** 将钢笔工具"属性"设置为"黑色描边""无填充",以人体模特为模板,参考线为基准线,用"钢笔工具"先绘制衬衫领左半边衣领。

05 **路径调整** 为了镜像后左右两边的后领线衔接齐平,在绘制后领路径时,可从领侧向领中绘制曲线,并在拖动后领中锚点手柄时按住〈Shift〉键。

06 **绘制衬衫门襟** 以人体模板为参考,绘制左边门襟。绘制完成后,选择"直接选择工具",对路径进行调整,直到完全满意。

07 **镜像工具** 单击"选择工具",将左半边路径全部框选。按〈Ctrl+C〉复制路径,按〈Ctrl+F〉粘贴在前面,选择"镜像工具",设置镜像角度为"-90°",将复制的路径镜像操作到右边,完成领型的绘制。

08　**绘制缝线**　选择"钢笔工具"，将钢笔工具中的"描边"勾选为"虚线"，调整虚线参数至合适的数值，在领子等位置添加缝线。

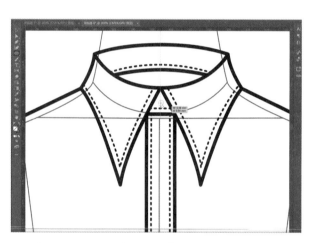

09　**纽扣绘制**　选择"椭圆工具"，放大画布后，在衣领部位进行绘制。按住〈Shift〉键可绘制正圆形。缩小画布并对细节进行调整，完成衬衫领的绘制。

10　**保存文件**　绘制完成后，单击"文件 – 存储"，对文件进行 AI 格式的保存。

3. 西装领

示例：

01 **新建画布** 打开 AI 软件，在菜单栏中选择"文件－新建文档"，创建"A4"大小画布，参数为"210mm×297mm""竖向"，分辨率"300ppi"。

02 **插入人体模板** 将人体模板 AI 文件拖入工作区，并将人体模板图层锁定。以人体模板作为绘制参考，新建图层 2，在图层 2 上进行绘图操作。

03 **建立参考线** 按快捷键〈Ctrl+R〉显示标尺，用鼠标单击左侧或上方标尺拖拽出参考线，并将参考线放置在人体模板中线的位置。

04 **使用"钢笔工具"绘制西装领** 将钢笔工具"属性"设置为"黑色描边""无填充"，以人体模特为模板，参考线为基准线，用"钢笔工具"先绘制西装领的翻折线位置。

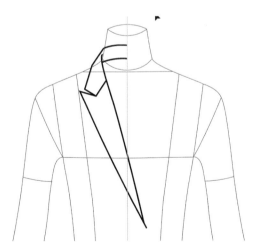

05 **驳头绘制** 继续使用钢笔工具，以翻折线为参考绘制西装领的驳头形状，并用"直接选择工具"进行弧度调整。

06 **镜像工具** 单击"选择工具"，将左半边路径全部框选。按〈Ctrl+C〉复制路径，按〈Ctrl+F〉粘贴在前面，选择"镜像工具"，设置镜像角度"-90°"，将复制的路径镜像操作到右边，并调整路径。

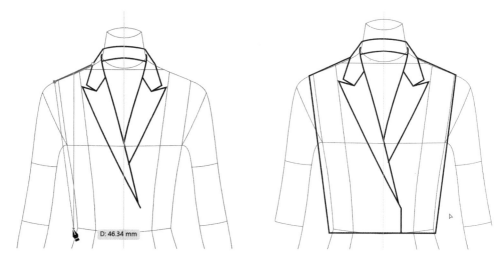

07 **身形绘制** 以人体模板为基础，用钢笔工具勾勒出西装身形，完成绘制。

08 **保存文件** 绘制完成后，单击"文件 – 存储"，对文件进行 AI 格式的保存。

5.3.2 衣袖的款式绘制

1. 短袖

示例：

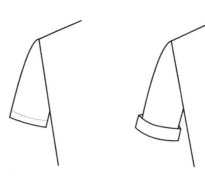

01 **新建画布** 打开 AI 软件，在菜单栏中选择"文件 – 新建文档"，创建"A4"大小画布，参数为 "210mm×297mm""竖向"，分辨率"300ppi"。

02 **插入人体模板** 将人体模板 AI 文件插入工作区，并将人体模板图层锁定。以人体模板作为绘制参考，新建图层 2，在图层 2 上进行绘图操作。

03 **使用"钢笔工具"进行绘制** 将钢笔工具"属性"设置为"黑色描边""无填充"。以人体模特为模板先绘制肩膀和大身的轮廓，然后根据人体模板肩的弧度和手臂位置确定短袖的形状和长短，短袖袖口大概在大臂位置。

04 **路径调整**　选择"直接选择工具"，对短袖路径进行调整直到满意。

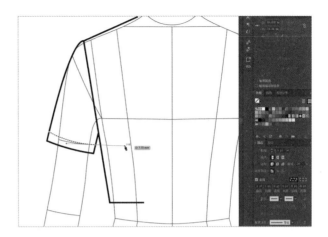

05 **绘制缝线**　选择"钢笔工具"，将"描边"勾选"虚线"，调整虚线属性，可自行对虚线"宽度配置"、"间隙"进行调整并试验虚线效果。

06 **完成短袖绘制**　完成形状和缝线的绘制后，可以用"直接选择工具"对绘制的短袖进行最后的微调。

07 **保存文件**　绘制完成后，单击"文件－存储"，对文件进行 AI 格式的保存。

2. 荷叶边袖子

示例：

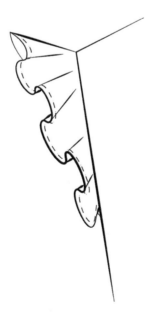

01 **新建画布**　打开 AI 软件，在菜单栏中选择"文件－新建文档"，创建"A4"大小画布，参数为"210mm×297mm""竖向"，分辨率"300ppi"。

02 **插入人体模板**　将人体模板 AI 文件拖入工作区，并将人体模板图层锁定。以人体模板作为绘制参考，新建图层 2，在图层 2 上进行绘图操作。

03 使用"钢笔工具"进行绘制 将钢笔工具"属性"设置为"黑色描边""无填充"。以人体模特为模板先绘制肩膀和大身的轮廓，然后绘制出荷叶边的上边部分。

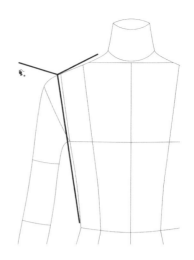

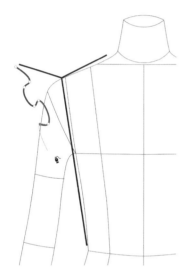

04 绘制荷叶边 选择"曲率工具"，绘制荷叶边的曲线，注意曲线路径不要和大身路径相连接。

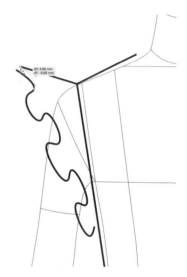

05 调整荷叶边曲线 选择"直接选择工具"，对绘制的曲线路径进行调整，并移动荷叶边的起始位置锚点使其与衣身重叠。

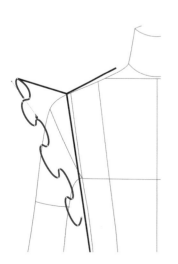

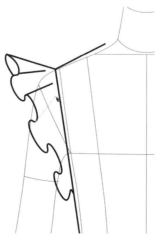

06 绘制荷叶边细节 选择"钢笔工具"，绘制荷叶边的后面部分及褶皱细节。

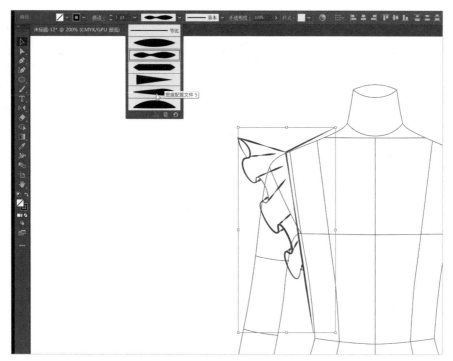

07 **调整钢笔宽度配置** 通过调整钢笔属性使荷叶边看起来更生动。在属性栏的"变量宽度配置文件"中对不同的配置文件进行尝试。在绘制服装款式图时一般选择"宽度配置文件5"。

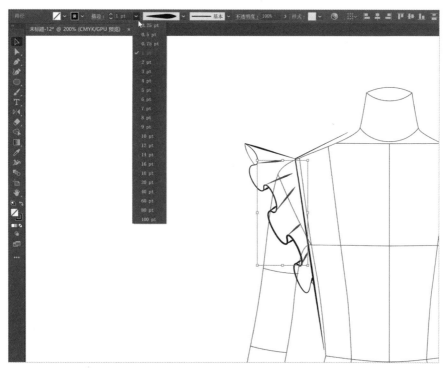

08 **调整内部线条** 使用"选择工具",选中荷叶边的褶皱线条。可按〈Shift〉键同时选中需要选中的路径。选中后在属性栏调整"描边"的粗细为"1pt",使褶皱线条与大身线条大小形成对比。

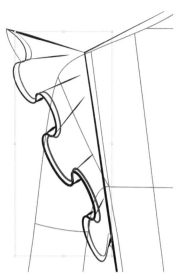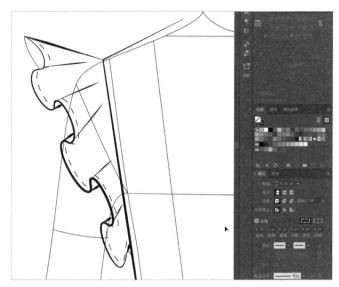

09 **绘制缝线** 将荷叶边的曲线路径选中，按〈Ctrl+C〉复制路径，按〈Ctrl+F〉粘贴到前面。用"选择工具"或键盘上的〈上下左右〉键对路径进行移动。移动到适宜位置后用"直接选择工具"对路径进行调整，并勾选"虚线"，调整虚线属性，完成缝线的绘制。

10 **保存文件** 绘制完成后，单击"文件 – 存储"，对文件进行 AI 格式的保存。

3. 泡泡袖

示例：

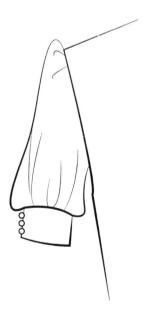

01 **新建画布** 打开 AI 软件，在菜单栏中选择"文件 – 新建文档"，创建"A4"大小画布，参数为"210mm×297mm""竖向"，分辨率"300ppi"。

02 **插入人体模板** 将人体模板 AI 文件拖入工作区，并将人体模板图层锁定。以人体模板作为绘制参考，新建图层 2，在图层 2 上进行绘图操作。

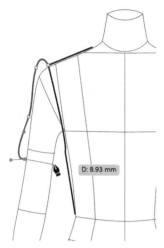

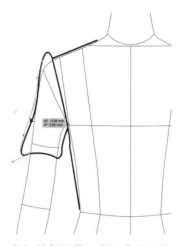

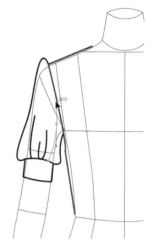

03 使用"钢笔工具"进行绘制 将钢笔工具"属性"设置为"黑色描边""无填充"。首先用"钢笔工具"绘制出大身形状,然后沿着肩和手臂形状绘制泡泡袖曲线。

04 路径调整 选择"直接选择工具",对泡泡袖弧度进行调整直到满意。

05 绘制袖头及细节 选择"钢笔工具",绘制泡泡袖的袖头及内部褶皱细节。注意,绘制过程中可随时使用"直接选择工具"对绘制的路径进行调整。

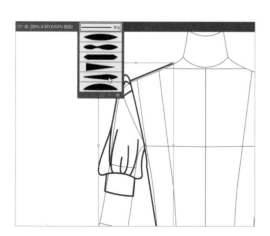

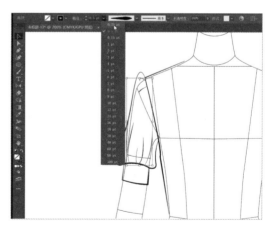

06 调整钢笔宽度配置 用"选择工具"将泡泡袖全部框选,在属性栏的"变量宽度配置文件"中选择"宽度配置文件5",使泡泡袖线条更生动流畅。

07 调整内部线条 用"选择工具"选中荷叶边的褶皱线条。可按〈Shift〉键同时选中需要调整的路径。选中后在属性栏调整"描边"的粗细为"0.25pt"。

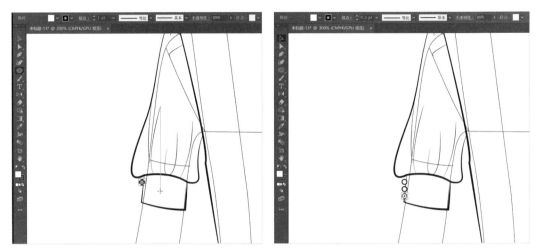

08 纽扣绘制 选择"椭圆工具",将"填充"选择为"白色","描边"选择为"黑色"。在袖口外侧位置按住〈Shift〉键绘制正圆形。将绘制的圆形选中,调整"描边"的粗细为"0.5pt",并按〈Ctrl+C〉复制圆形,按〈Ctrl+F〉粘贴在前面。然后利用"选择工具"或键盘的〈上下左右〉键对复制的圆形进行调整,直到三个圆形都整齐地排列在袖口上,完成纽扣的绘制。

09 保存文件 绘制完成后,单击"文件-存储",对文件进行 AI 格式的保存。

4. 西装袖

示例:

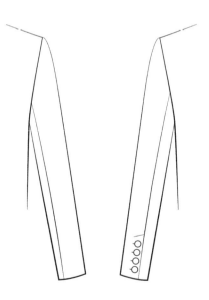

01 新建画布 打开 AI 软件,在菜单栏中选择"文件-新建文档",创建"A4"大小画布,参数为"210mm×297mm""竖向",分辨率"300ppi"。

02 插入人体模板 将人体模板 AI 文件拖入工作区,并将人体模板图层锁定。以人体模板作为绘制参考,新建图层 2,在图层 2 上进行绘图操作。

03 **使用"钢笔工具"进行绘制**
将钢笔工具"属性"设置为"黑色描边""无填充"。首先用"钢笔工具"绘制出大身形状，然后沿着人体模板的手臂形状进行袖子绘制，注意绘制出西装袖的袖山弧度。

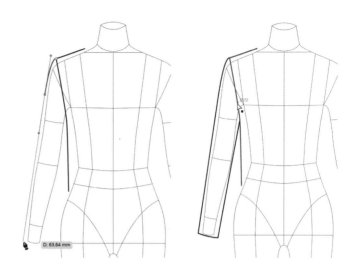

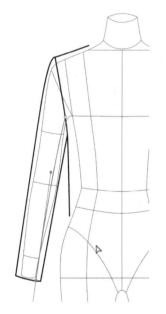

04 **绘制分割线** 将钢笔工具描边的粗细调整为"0.5pt"，在袖子靠前部分绘制西装袖的分割线。绘制完成后可用"直接选择工具"对路径进行调整。

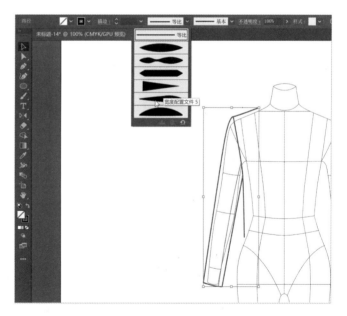

05 **调整钢笔宽度配置** 用"选择工具"将西装袖全部框选，在属性栏的"变量宽度配置文件"中选择"宽度配置文件5"，完成西装袖前面的绘制。

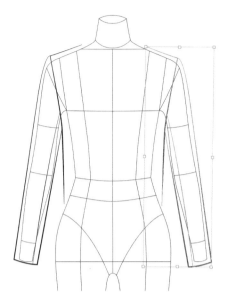

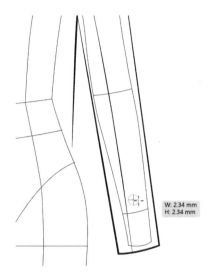

W: 2.34 mm
H: 2.34 mm

06 **西装袖背面绘制** 绘制好西装袖的前面后，用"选择工具"将绘制完成的图形进行全部框选。按〈Ctrl+C〉复制图形，按〈Ctrl+V〉粘贴图形。将粘贴的图形进行镜像操作并放置在人体模板的右侧手臂上。

07 **纽扣绘制** 通常在西装的后袖口会有纽扣。使用"椭圆工具"，按住〈Shift〉键绘制圆形纽扣，位置在后袖分割线的外侧靠近袖口处。

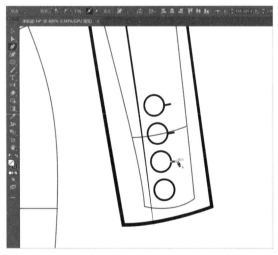

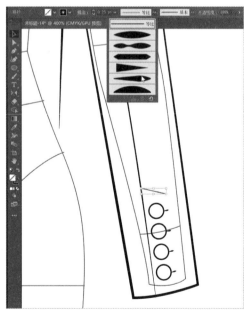

08 **扣眼及开气绘制** 将上一步骤绘制的纽扣进行复制粘贴，并排列成适当形状。在纽扣的右边用"钢笔工具"绘制直线路径来表示扣眼，并在扣子的上方用"钢笔工具"绘制一条斜线表示袖子开气。调整扣眼及开气的描边粗细及宽度配置。

09 **保存文件** 绘制完成后，单击"文件－存储"，对文件进行 AI 格式的保存。

5.3.3 口袋的款式绘制

1. 衬衫口袋

示例：

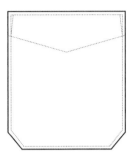

01 **新建画布** 打开 AI 软件，在菜单栏中选择"文件 – 新建文档"，创建"A4"大小画布，参数为"210mm×297mm""竖向"，分辨率"300ppi"。

02 **建立参考线** 按快捷键〈Ctrl+R〉显示标尺，用鼠标单击左侧标尺拖拽出参考线，并将参考线放置在适当位置作为中线。

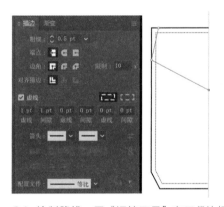

03 **使用"钢笔工具"绘制口袋** 将"钢笔工具"的属性设置为"黑色描边""无填充"，以参考线为基准线，用"钢笔工具"先绘制口袋的左半边。

04 **绘制缝线** 用"钢笔工具"在口袋边框内部绘制缝线路径，并将路径"描边"勾选为"虚线"，调整虚线的"粗细""间隙"等，完成缝线绘制。

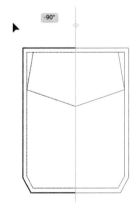

05 **镜像工具** 单击"选择工具"，将左半口袋形状的路径全部框选。按〈Ctrl+C〉复制路径，按〈Ctrl + F〉粘贴在前面后，选择"镜像工具"，以参考线为中心，设置镜像角度为"−90°"，将复制的路径镜像操作到右边，完成衬衫口袋的绘制。

06 **保存文件** 绘制完成后，单击"文件 – 存储"，对文件进行 AI 格式的保存。

2. 西装口袋

示例:

01　**新建画布**　打开 AI 软件，在菜单栏中选择"文件 – 新建文档"，创建"A4"大小画布，参数为
"210mm×297mm""竖向"，分辨率"300ppi"。

02　**建立参考线**　按快捷键〈Ctrl+R〉显示标尺，用鼠标单击左侧标尺，拖拽出参考线，并将参考线放置
在适当位置作为中线。

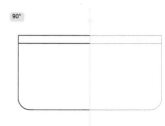

03　**使用"钢笔工具"绘制口袋**　将钢笔工具的"属性"设置为"黑
色描边""无填充"，以参考线为基准线，绘制左半边的芽边
西装口袋。首先绘制芽边的部分，再绘制弧形兜盖部分。

04　**镜像工具**　单击"选择工
具"，将左半边西装口袋路
径全部框选。按〈Ctrl+C〉
复制路径，按〈Ctrl+F〉粘
贴在前面后，选择"镜像工
具"，以参考线为中心，设
置镜像角度为"–90°"，
将复制的路径镜像操作到右
边，完成西装口袋的绘制。

05　**保存文件**　绘制完成后，单击"文件 – 存储"，对文件进行
AI 格式的保存。

3. 牛仔口袋

示例:

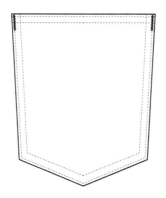

01　新建画布　在菜单栏中选择"文件 – 新建文档"，创建"A4"大小画布，参数为"210mm×297mm""竖向"，分辨率"300ppi"。

02　建立参考线　按快捷键〈Ctrl+R〉显示标尺，用鼠标单击左侧标尺拖拽出参考线，并将参考线放置在适当位置作为中线。

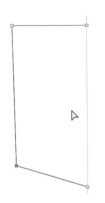
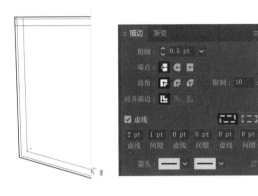

03　使用"钢笔工具"绘制口袋　将钢笔工具的"属性"设置为"黑色描边""无填充"，以参考线为基准线，绘制左半边牛仔口袋的外轮廓。

04　缝线绘制　用"钢笔工具"在口袋边框内部绘制双层缝线路径，并将路径的"描边"勾选为"虚线"，调整虚线的"粗细""间隙"等。

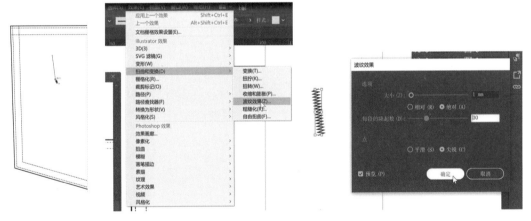

05　绘制 Z 字形缝线　首先用"钢笔工具"在空白处绘制一条直线路径，选中这条直线路径后，在菜单栏中选择"效果 – 扭曲和变换 – 波纹效果"，通过预览效果调整属性至适合的值。

06　使用"直接选择工具"调整描点及路径　用"选择工具"将绘制的 Z 字形缝线放置在适当的位置，并用"直接选择工具"对左半边牛仔口袋路径进行调整，完成左半边牛仔口袋的绘制。

07 镜像工具 单击"选择工具"，将左半边牛仔口袋路径全部框选。按〈Ctrl+C〉复制路径，按〈Ctrl+F〉粘贴在前面后，选择"镜像工具"，以参考线为中心，设置镜像角度为"-90°"，将复制的路径镜像操作到右边，完成牛仔口袋的绘制。

08 保存文件 绘制完成后，单击"文件 - 存储"，对文件进行 AI 格式的保存。

4. 工装口袋

示例：

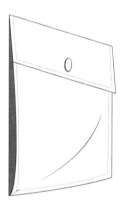

01 新建画布 打开 AI 软件，在菜单栏中选择"文件 - 新建文档"，创建"A4"大小画布，参数为"210mm×297mm""竖向"，分辨率"300ppi"。

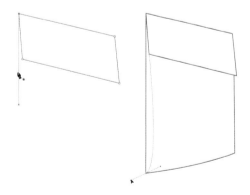

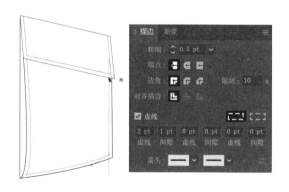

02 使用"钢笔工具"绘制口袋 将钢笔工具的"属性"设置为"黑色描边""无填充"。首先绘制工装口袋的兜盖形状，然后绘制口袋的主体形状。

03 缝线绘制 用"钢笔工具"在工装口袋的兜盖和主体部分分别绘制缝线，将路径"描边"勾选为"虚线"，调整虚线的"粗细""间隙"等。

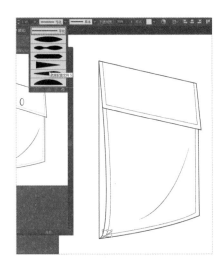

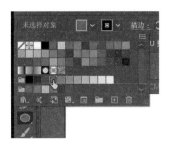

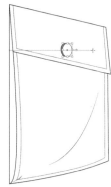

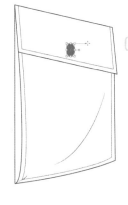

04 **内部线条绘制** 选择"钢笔工具"，
在工装口袋边角和内部绘制两条曲
线来体现口袋的体积感，并调整线
条的描边宽度配置使其与口袋边缘
路径形成对比。

05 **纽扣绘制** 选择"椭圆工具"，
将填色调整为"灰色"，描
边为"黑色"。在兜盖上绘
制一个椭圆形。接下来将椭
圆工具的填色改为"白色"，
描边为"黑色"，在刚才的
椭圆形上方再绘制一个椭圆
形来体现纽扣的立体感，并
对其位置进行调整，调整后
完成纽扣的绘制。

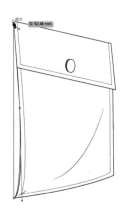

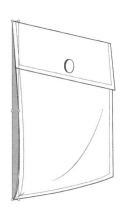

06 **阴影绘制** 新建图层 2，将图层 1 锁定。用"钢笔工具"绘制出需要填色的形状，完成绘制后用"选择
工具"选择该形状，将填色改为"灰色"，并在属性栏调整"不透明度"。

07 **保存文件** 绘制完成后，单击"文件 - 存储"，对文件进行 AI 格式的保存。

5.4 服装款式图绘制

5.4.1 上衣款式图绘制

1. T恤款式绘制

示例:

01 **新建画布** 打开AI软件,在菜单栏中选择"文件-新建文档",创建"A4"大小画布,参数为"210mm×297mm""竖向",分辨率"300ppi"。

02 **插入人体模板** 将人体模板拖拽至新建的AI文档中,调整人体模板至合适的大小,并将人体模板图层锁定,新建图层2。

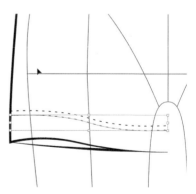

03 **使用"钢笔工具"绘制T恤外轮廓** 选择"钢笔工具",将钢笔工具"属性"设置为"黑色描边""无填充",粗细为"1pt"。以人体模板为参考,绘制T恤的左半边。

04 **绘制缝线** 选择"钢笔工具",将"描边"设置为"虚线",根据实际需求调整描边"粗细""间隙"等数值。在T恤袖口、底摆绘制缝线。

05 **镜像工具** 单击"选择工具"，将左半边 T 恤路径全部框选。按〈Ctrl+C〉复制路径，按〈Ctrl+F〉粘贴在前面，选择"镜像工具"，以人体模板正中线为中心，设置镜像角度为"-90°"，将复制的路径镜像操作到右边，完成 T 恤大身的绘制。

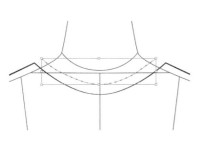 

06 **领口螺纹绘制** 绘制 T 恤领口螺纹细节。首先选择"钢笔工具"，绘制一条路径，并调整"描边"为"虚线"。然后通过调整虚线的"粗细""间隙"等数值，达到螺纹效果。

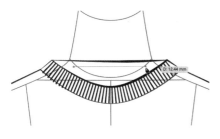 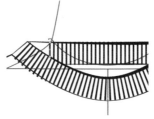

07 **完成领口绘制** 绘制完前领口的螺纹后，选择"钢笔工具"，将领口边缘绘制完整，并用相同的方式完成后领的绘制，最后用"钢笔工具"绘制一条直线，将螺纹空隙部分填充均匀。

08 **面料质感体现** 选择"钢笔工具"，将描边颜色选为"灰色""无填充"。在 T 恤的袖子，大身左右两侧分别绘制曲线线条，体现面料褶皱及立体质感。为了使 T 恤线条更加自然，将 T 恤全部路径选中，调整描边宽度配置。

09 **T恤背面的绘制**　绘制完成T恤的正面后，将正面的T恤复制并粘贴。通过调整路径和细节，用"剪刀工具"剪开并删除多余的路径，完成背面的绘制。

10 **保存文件**　绘制完成后，单击"文件－存储"，对文件进行AI格式的保存。

2. 衬衫款式绘制

示例：

01 **新建画布**　打开AI软件，在菜单栏中选择"文件－新建文档"，创建"A4"大小画布，参数为"210mm×297mm""竖向"，分辨率"300ppi"。

02 **插入人体模板**　将人体模板拖拽至新建的AI文档中，调整人体模板至合适的大小，并将人体模板图层锁定，新建图层2。

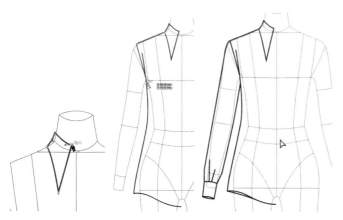

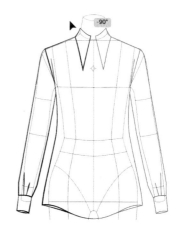

03 **使用"钢笔工具"绘制衬衫外轮廓**　选择"钢笔工具"，将钢笔工具"属性"设置为"黑色描边""无填充"，粗细为"1pt"。以人体模板为参考，先后绘制衬衫领型、大身轮廓、袖子。

04 **镜像工具**　单击"选择工具"，将左半边衬衫路径全部框选。按〈Ctrl+C〉复制路径，按〈Ctrl+F〉粘贴在前面，选择"镜像工具"，以人体模板正中线为中心，设置镜像角度为"-90°"，将复制的路径镜像操作到右边，完成衬衫大身的绘制。

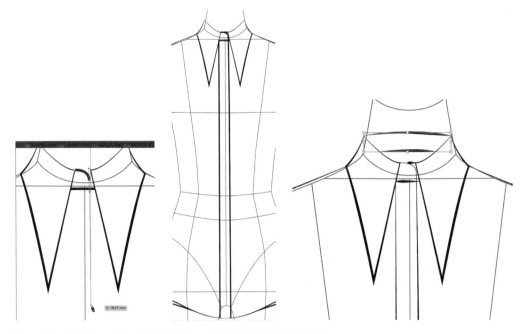

05 **衬衫门襟绘制** 选择"钢笔工具",绘制衬衫领口领托及后领。

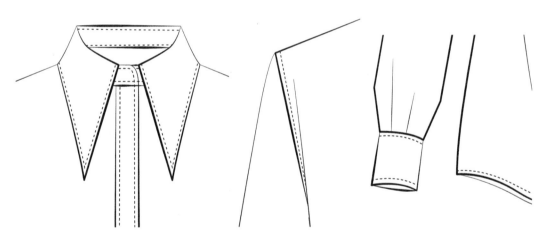

06 **绘制缝线** 选择"钢笔工具",将描边设置为"虚线",根据实际需求调整描边"粗细""间隙"等数值。在衬衫领口、肩缝、底摆袖口等有明线的地方绘制缝线。

07 **纽扣绘制** 选择"椭圆工具",按住〈Shift〉键可绘制正圆形,在领口绘制第一颗纽扣。之后用"选择工具"将第一颗纽扣框选,同时按住〈Ctrl+Alt〉键,鼠标箭头即变成黑色,单击左键并移动鼠标,可对选中目标进行复制并移动到需要的位置,以此方法来绘制剩余的纽扣。

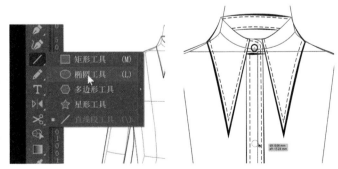

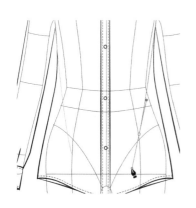
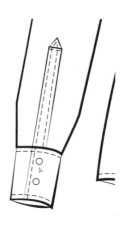

08 面料质感体现　选择"钢笔工具",将描边颜色选为"灰色""无填充",在衬衫的大身绘制曲线线条,体现面料褶皱及立体质感。

09 衬衫背面绘制　绘制完成衬衫的正面后,将正面的衬衫复制并粘贴。通过调整路径和细节,用"剪刀工具"剪开并删除多余的路径,完成背面领子大身的绘制,并绘制衬衫袖子后开衩和纽扣。

10 保存文件　绘制完成后,单击"文件 – 存储",对文件进行 AI 格式的保存。

3. 西装款式绘制

示例:

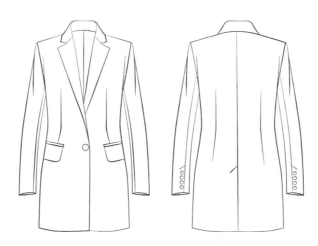

01 新建画布　打开 AI 软件,在菜单栏中选择"文件 – 新建文档",创建"A4"大小画布,参数为"210mm×297mm""竖向",分辨率"300ppi"。

02 插入人体模板　将人体模板拖拽至新建的 AI 文档中,调整人体模板至合适的大小,并将人体模板图层锁定,新建图层 2。

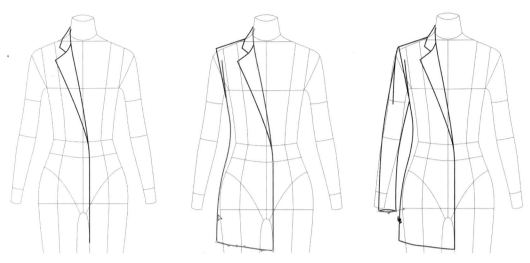

03 使用"钢笔工具"绘制西装正面外轮廓　选择"钢笔工具"，将钢笔工具"属性"设置为"黑色描边""无填充"，粗细为"1pt"。以人体模板为参考，分别完成西装领型、西装大身、西装袖子的绘制。

04 使用"钢笔工具"绘制西装口袋及分割线细节　继续选择"钢笔工具"，在左半边的西装轮廓内绘制口袋及分割线，随后用"直接选择工具"对西装左半边路径进行调整，直到款式图线条流畅、比例正确。调整描边宽度配置使款式图线条更加自然。

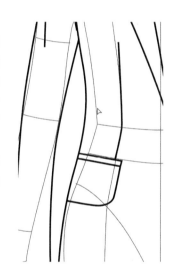

05 镜像工具　单击"选择工具"，将左半边西装路径全部框选。按〈Ctrl+C〉复制路径，按〈Ctrl+F〉粘贴在前面，选择"镜像工具"，以人体模板正中线为中心，设置镜像角度为"-90°"，将复制的路径镜像操作到右边。

06 **剪刀工具** 镜像过后的西装左右门襟存在重合路径现象，运用"剪刀工具"将右半边西装驳头、门襟及下摆路径剪开并删除。而后用"钢笔工具"将西装后领绘制完成。

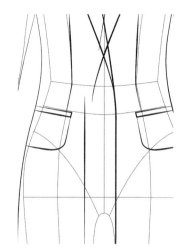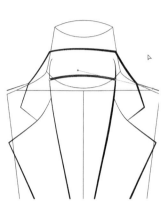

07 **细节绘制及调整** 在西装的门襟处，用"椭圆工具"绘制一个正圆形纽扣。在两袖用"钢笔工具"绘制出分割线，在后领内用"钢笔工具"绘制里衬细节。全部绘制完成后，可用"直接选择工具"对路径进行调整，直到款式图比例、细节正确，完成西装正面的绘制。

08 **西装背面绘制** 绘制完成西装的正面后，将正面的西装复制并粘贴。通过调整路径和细节，完成背面领子大身中线及后开衩的绘制。用"剪刀工具"剪开并删除多余的路径，最后绘制西装袖子后开衩和纽扣，完成西装背面的绘制。

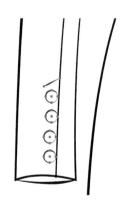

09 **保存文件** 绘制完成后，单击"文件 – 存储"，对文件进行 AI 格式的保存。

4. 卫衣款式绘制

示例：

01　**新建画布**　打开 AI 软件，在菜单栏中选择"文件 – 新建文档"，创建"A4"大小画布，参数为"210mm×297mm""竖向"，分辨率"300ppi"。

02　**插入人体模板**　将人体模板拖拽至新建的 AI 文档中，调整人体模板至合适的大小，并将人体模板图层锁定，新建图层 2。

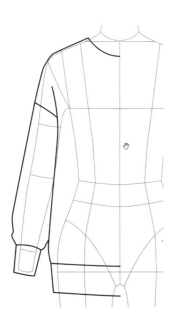

04　**卫衣帽子轮廓绘制**　选择"钢笔工具"，绘制卫衣帽子轮廓，用"直接选择工具"调整路径形状和弧度直到满意。调整路径宽度配置，使款式图线条更加自然。

05　**螺纹及口袋绘制**　绘制卫衣袖口螺纹细节。首先选择"钢笔工具"，绘制一条路径，并调整描边为"虚线"，然后通过调整虚线的"粗细""间隙"等描边参数数值，达到螺纹效果。绘制完成袖口螺纹后，以同样的方式绘制底摆螺纹，并用"钢笔工具"绘制口袋轮廓。

03　**使用"钢笔工具"绘制卫衣大身轮廓**　选择"钢笔工具"，将钢笔工具"属性"设置为"黑色描边""无填充"，粗细为"1pt"。以人体模板为参考绘制卫衣的左半边轮廓。注意卫衣为宽松版型，在绘制过程中需要留有宽松量，并绘制出面料堆叠形状。

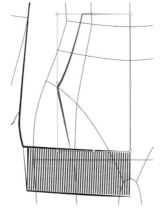

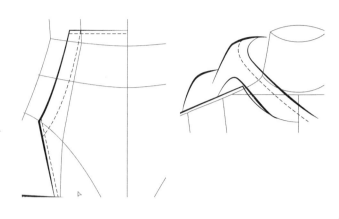

06 **绘制缝线** 选择"钢笔工具",将描边设置为"虚线",根据实际需求调整描边"粗细""间隙"等数值。在卫衣口袋、帽子处分别绘制虚线缝线。

07 **镜像工具** 单击"选择工具",将左半边卫衣路径全部框选。按〈Ctrl+C〉复制路径,按〈Ctrl+F〉粘贴在前面,选择"镜像工具",以人体模板正中线为中心,设置镜像角度为"-90°",将复制的路径镜像操作到右边。

08 **细节绘制** 镜像右半边的卫衣后,使用"剪刀工具",右键单击卫衣帽子处的叠搭部分路径进行操作删除,并用"钢笔工具"将卫衣帽子连接,确保比例正确,细节表达到位后,完成正面卫衣的绘制。

09 **卫衣背面绘制** 绘制完成卫衣的正面后,将正面的卫衣复制并粘贴。通过调整路径完善细节,完成背面帽子形状绘制,增加虚线及面料质感路径表达,调整所有路径确保比例正确,用"剪刀工具"剪开并删除多余的路径,完成背面卫衣的绘制。

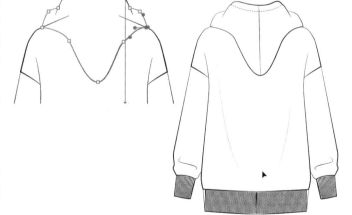

10 **保存文件** 绘制完成后,单击"文件-存储",对文件进行 AI 格式的保存。

5.4.2 裤装款式图绘制

1. 短裤款式绘制

示例:

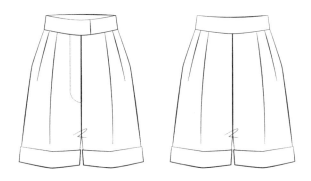

01　**新建画布**　打开 AI 软件,在菜单栏中选择"文件 – 新建文档",创建"A4"大小画布,参数为"210mm×297mm""竖向",分辨率"300ppi"。

02　**插入人体模板**　将人体模板拖拽至新建的 AI 文档中,调整人体模板至合适的大小,并将人体模板图层锁定,新建图层 2。

03　**使用"钢笔工具"绘制短裤轮廓**　选择"钢笔工具",将钢笔工具"属性"设置为"黑色描边""无填充",粗细为"1pt"。以人体模板为参考分别绘制短裤左半边轮廓和短裤翻折边细节。

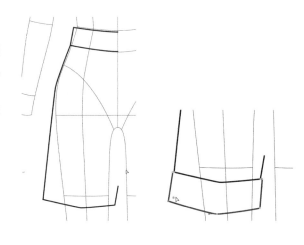

04　**完善左半边短裤细节**　选择"钢笔工具",用线条表达短裤叠褶工艺,并调整描边宽度配置,使款式图线条更加流畅。

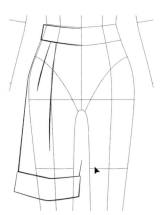

镜像工具 单击"选择工具",将左半
边短裤路径全部框选。按〈Ctrl+C〉复
制路径,按〈Ctrl+F〉粘贴在前面,选择
"镜像工具",以人体模板正中线为中心,
设置镜像角度为"-90°",将复制的路
径镜像操作到右边。

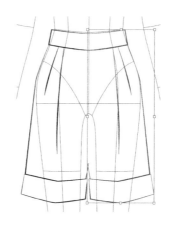

短裤细节绘制 使用"钢笔工具"绘制
短裤后腰及前腰搭门线条。用虚线绘制
短裤拉链位置门襟明线的细节,调整虚
线参数至适合。

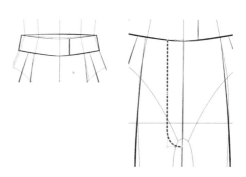

完成短裤正面的绘制 使用"直接选择"工具,对短裤路径细节进行调整,使短裤比例准确,表达清晰,
完成短裤正面的绘制。

短裤背面的绘制 绘制完成短裤的正面
后,将正面的短裤复制并粘贴。调整路
径和腰部及叠褶的细节,用"剪刀工具"
剪开并删除多余的路径,完成短裤背面
的绘制。

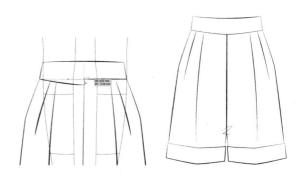

保存文件 绘制完成后,单击"文件 - 存储",对文件进行 AI 格式的保存。

2. 长裤款式绘制

示例：

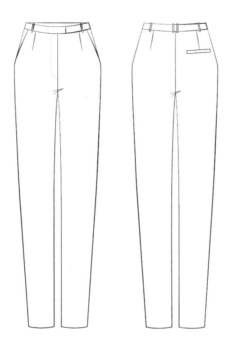

01 **新建画布** 打开 AI 软件，在菜单栏中选择"文件 - 新建文档"，创建"A4"大小画布，参数为"210mm×297mm""竖向"，分辨率"300ppi"。

02 **插入人体模板** 将人体模板拖拽至新建的 AI 文档中，调整人体模板至合适的大小，并将人体模板图层锁定，新建图层 2。

03 **使用"钢笔工具"绘制长裤轮廓** 选择"钢笔工具"，将钢笔工具"属性"设置为"黑色描边""无填充"，粗细为"1pt"。以人体模板为参考绘制长裤左半边轮廓。

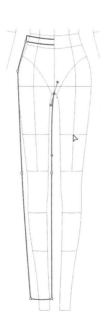

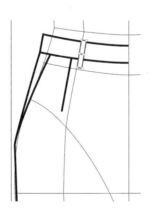

04 **绘制长裤斜插袋、前裤省及腰带袢** 使用"钢笔工具"在适当的位置绘制出裤子的斜插袋、前裤省细节。并用"矩形工具"绘制腰带袢。

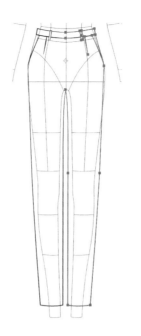

镜像工具 单击"选择工具"，
将左半边长裤路径全部框选。按
〈Ctrl+C〉复制路径，按〈Ctrl+F〉
粘贴在前面，选择"镜像工具"，
以人体模板正中线为中心，设置镜
像角度为"-90°"，将复制的路径
镜像操作到右边。

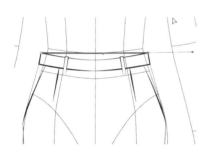

完成长裤正面细节绘制 使用"钢笔工具"，先后连接绘制后腰线路径，前门襟搭门及拉链门襟绘制，
并将拉链门襟路径调整为虚线。全部完成后用"直接选择工具"对不满意的路径进行调整，完成长裤
正面的绘制。

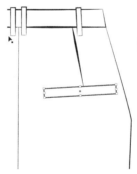

长裤背面绘制 绘制完成长裤
的正面后，将正面的长裤复制并
粘贴。调整路径和腰部的细节，
绘制腰带袢，并且用"矩形工具"
绘制背面口袋，用"剪刀工具"
剪开并删除多余的路径，最后完
成长裤背面的绘制。

保存文件 绘制完成后，单击"文件-存储"，对文件进行 AI 格式的保存。

3. 牛仔裤款式绘制

示例：

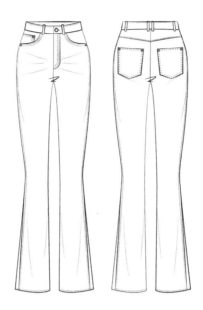

01 **新建画布** 打开 AI 软件，在菜单栏中选择"文件－新建文档"，创建"A4"大小画布，参数为
"210mm×297mm""竖向"，分辨率"300ppi"。

02 **插入人体模板** 将人体模板拖拽至新建的 AI 文档中，调整人体模板至合适的大小，并将人体模板图层
锁定，新建图层 2。

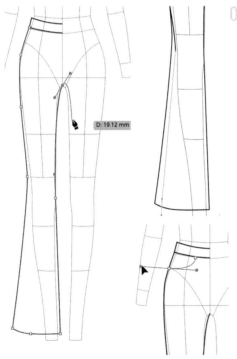

03 **使用"钢笔工具"绘制牛仔裤轮廓** 选择"钢笔工具"，
将钢笔工具"属性"设置为"黑色描边""无填充"，
粗细为"1pt"。以人体模板为参考绘制牛仔裤左半边
轮廓，接着绘制牛仔裤侧缝线及口袋。

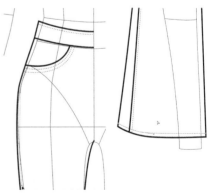

04 **绘制缝线** 用"钢笔工具"将描边设
置为"虚线"，在牛仔裤腰头、口袋、
侧缝、底摆位置添加缝线。

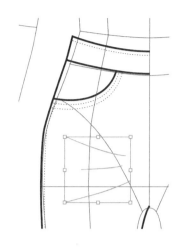

绘制面料细节　使用"钢笔工具",将钢笔工具"属性"设置为"灰色描边""无填充",绘制面料细节。

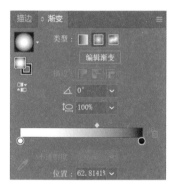
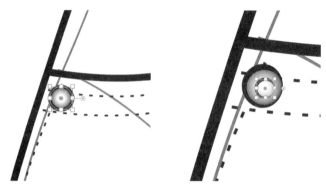

06　金属件绘制　绘制牛仔裤兜口处的金属件。选择"椭圆工具",将"描边"设置为"黑色","填充"设置为"黑白渐变",按仕〈Shift〉键在适当位置绘制一个正圆。绘制完成后再将椭圆工具"属性"设置为"描边黑色""无填充",在刚才绘制的渐变正圆上方再绘制一个正圆形,并调整描边宽度配置等细节,完成金属件的绘制。

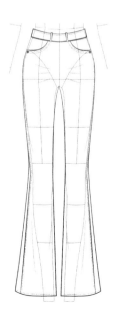

镜像工具　单击"选择工具",将左半边牛仔裤路径全部框选。按〈Ctrl+C〉复制路径,按〈Ctrl+F〉粘贴在前面,选择"镜像工具",以人体模板正中线为中心,设置镜像角度为"-90°",将复制的路径镜像操作到右边。

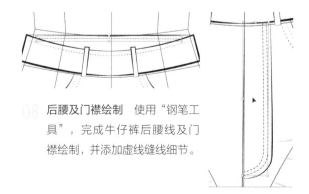

08　后腰及门襟绘制　使用"钢笔工具",完成牛仔裤后腰线及门襟绘制,并添加虚线缝线细节。

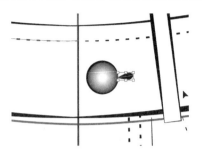

09 **纽扣及口袋绘制** 绘制牛仔裤纽扣，首先选择"椭圆工具"，设置"描边"为"黑色"，"填充"为"黑白渐变"，在门襟处绘制正圆代表扣子，然后用"钢笔工具"在扣子旁边绘制一条直线，调整宽度配置及粗细至适当，表示扣眼。

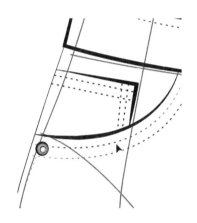

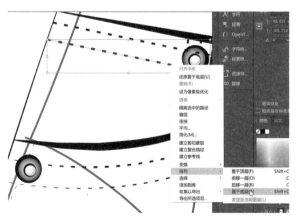

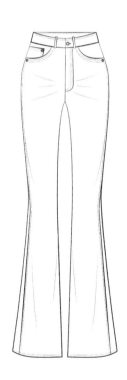

10 **缝线及金属件绘制** 完成纽扣的绘制后，在左侧的牛仔裤兜上方用"钢笔工具"绘制小口袋细节并完成虚线缝线绘制，并且复制金属件至小口袋右上角，单击右键通过调整虚线路径排列顺序将金属件置于最上方。

11 **使用"直接选择工具"调整细节** 选择"直接选择工具"，对正面牛仔裤路径进行微调，确认比例细节准确，完成牛仔裤正面的绘制。

12 **牛仔裤背面的绘制** 绘制完成牛仔裤的正面后，将正面的牛仔裤复制并粘贴。通过调整路径，完善腰部的细节，绘制出后腰。将之前绘制的牛仔裤口袋 AI 文件复制粘贴至文件中，调整口袋的大小，将金属件放到适当的位置。将口袋复制并镜像，完成双面口袋的绘制。最后用"直接选择工具"调整细节，用"剪刀工具"剪开并删除掉多余的路径，完成牛仔裤背面的绘制。

13 **保存文件** 绘制完成后，单击"文件 – 存储"，对文件进行 AI 格式的保存。

4. 休闲裤款式绘制

示例：

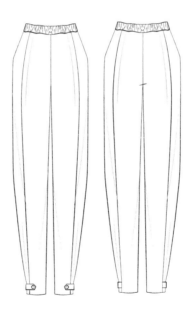

01 **新建画布** 打开 AI 软件，在菜单栏中选择"文件 – 新建文档"，创建"A4"大小画布，参数为"210mm×297mm""竖向"，分辨率"300ppi"。

02 **插入人体模板** 将人体模板拖拽至新建的 AI 文档中，调整人体模板至合适的大小，并将人体模板图层锁定，新建图层 2。

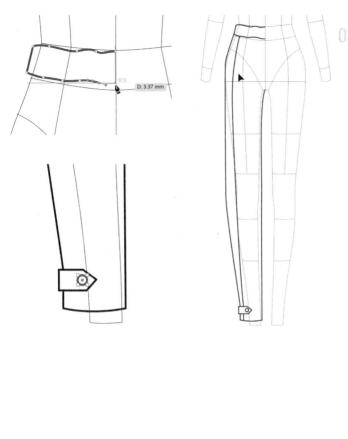

03 **使用"钢笔工具"绘制休闲裤外轮廓** 选择"钢笔工具",将钢笔工具"属性"设置为"黑色描边""无填充",粗细为"1pt"。以人体模板为参考,绘制休闲裤腰部曲线、裤袢细节及裤型。

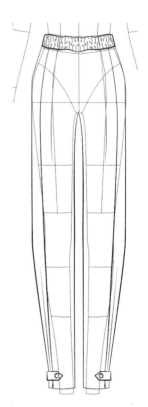

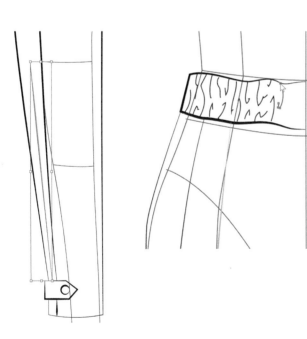

04 **褶皱绘制** 使用"钢笔工具",将描边颜色设置为"灰色",在裤腿处绘制一条直线路径,表示休闲裤的褶皱。使用"铅笔工具",调整参数至适合,在腰部绘制出路径,表达松紧褶皱效果。

05 **镜像工具** 单击"选择工具",将左半边休闲裤路径全部框选。按〈Ctrl+C〉复制路径,按〈Ctrl+F〉粘贴在前面,选择"镜像工具",以人体模板正中线为中心,设置镜像角度为"-90°",将复制的路径镜像操作到右边。

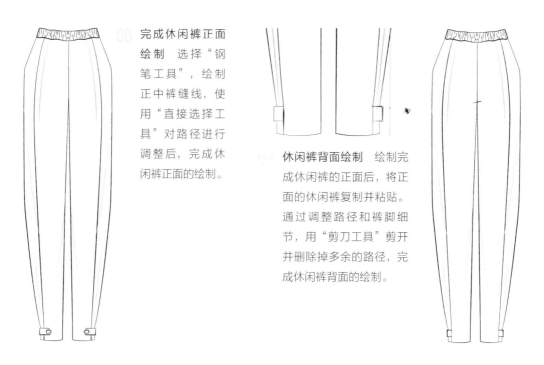

完成休闲裤正面绘制 选择"钢笔工具",绘制正中裤缝线,使用"直接选择工具"对路径进行调整后,完成休闲裤正面的绘制。

休闲裤背面绘制 绘制完成休闲裤的正面后,将正面的休闲裤复制并粘贴。通过调整路径和裤脚细节,用"剪刀工具"剪开并删除掉多余的路径,完成休闲裤背面的绘制。

保存文件 绘制完成后,单击"文件-存储",对文件进行 AI 格式的保存。

5. 阔腿裤款式绘制

示例:

新建画布 打开 AI 软件,在菜单栏中选择"文件-新建文档",创建"A4"大小画布,参数为"210mm×297mm""竖向",分辨率"300ppi"。

插入人体模板 将人体模板拖拽至新建的 AI 文档中,调整人体模板至合适的大小,并将人体模板图层锁定,新建图层 2。

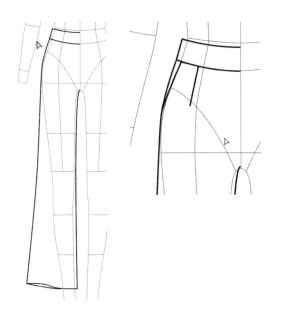

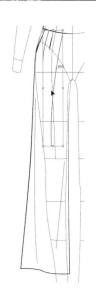

03 **使用"钢笔工具"绘制阔腿裤外轮廓** 选择"钢笔工具"，将钢笔工具"属性"设置为"黑色描边""无填充"，粗细为"1pt"。以人体模板为参考，绘制阔腿裤外轮廓及口袋、省道路径。

04 **面料质感表达** 使用"钢笔工具"，将钢笔工具"属性"调整为"灰色描边""无填充"，绘制曲线路径表达面料质感、垂感等。

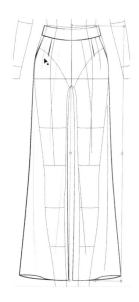

05 **镜像工具** 单击"选择工具"，将左半边阔腿裤路径全部框选。按〈Ctrl+C〉复制路径，按〈Ctrl+F〉粘贴在前面，选择"镜像工具"，以人体模板正中线为中心，设置镜像角度为"-90°"，将复制的路径镜像操作到右边。

06 **完成阔腿裤正面绘制** 使用"钢笔工具"，完成后腰及前门襟搭门绘制。使用"直接选择工具"调整路径，使比例正确，完成阔腿裤正面绘制。

07 **阔腿裤背面绘制**　绘制完成阔腿裤的正面后，将正面的阔腿裤复制并粘贴。通过调整路径腰部等细节，用"剪刀工具"剪开并删除多余的路径，完成阔腿裤背面的绘制。

08 **保存文件**　绘制完成后，单击"文件－存储"，对文件进行AI 格式的保存。

6.连体款式绘制

示例：

01 **新建画布**　打开AI 软件，在菜单栏中选择"文件－新建文档"，创建"A4"大小画布，参数为"210mm×297mm""竖向"，分辨率"300ppi"。

02 **插入人体模板**　将人体模板拖拽至新建的AI 文档中，调整人体模板至合适的大小，并将人体模板图层锁定，新建图层2。

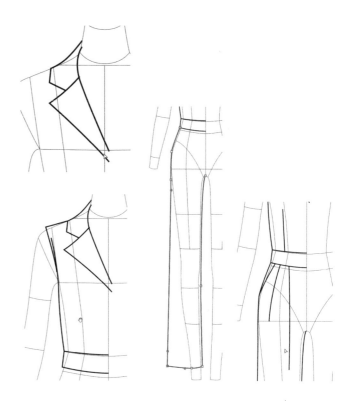

03 使用"钢笔工具"绘制连体裤外
轮廓　选择"钢笔工具"，将钢
笔工具"属性"设置为"黑色描
边""无填充"，粗细为"1pt"。
以人体模板为参考，绘制连体
裤领型、上衣部分、裤子部分
及省道。

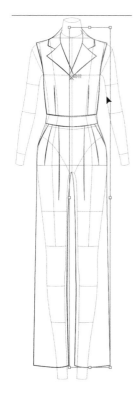

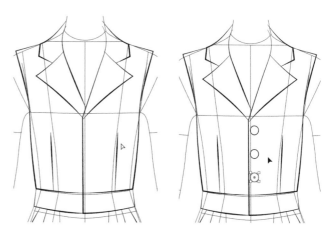

04 镜像工具　单击"选择工具"，
将左半边连体裤路径全部框
选。按〈Ctrl+C〉复制路径，按
〈Ctrl+F〉粘贴在前面，选择"镜
像工具"，以人体模板正中线为
中心，设置镜像角度为"-90°"，
将复制的路径镜像操作到右边。

05 门襟绘制　使用"钢笔工具"，绘
制出连体裤前门襟，并用"直接选
择工具"对领子叠搭部分进行调整。
在门襟处使用"椭圆工具"绘制纽扣。

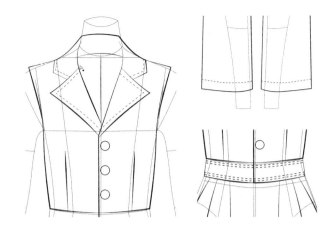

绘制缝线 使用"钢笔工具"，将
"描边"设置为"虚线"，在领子、
裤脚处及腰部绘制虚线缝线。

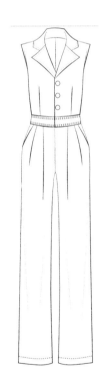

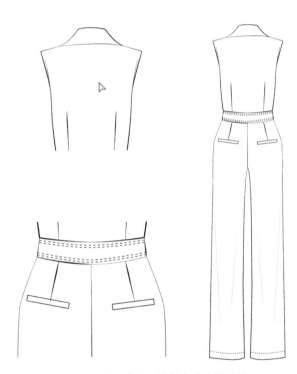

07 完成连体裤正面绘制 使用"钢笔工
具"，将"描边"设置为"灰色""无
填充"，在连体裤正面绘制出面料质感
线条，并用"直接选择工具"对细节进
行调整，完成阔腿裤正面的绘制。

08 连体裤背面绘制 绘制完成连体裤的
正面后，将正面的连体裤复制并粘贴。
通过调整上衣领部路径，用"剪刀工
具"剪开并删除多余的路径，使用"矩
形工具"绘制连体裤后口袋，完成连
体裤背面的绘制。

09 保存文件 绘制完成后，单击"文件－存储"，对文件进行 AI 格式的保存。

5.4.3　裙装款式图绘制

1.　一步裙款式绘制

示例：

01 新建画布　打开 AI 软件，在菜单栏中选择"文件 – 新建文档"，创建"A4"大小画布，参数为 "210mm×297mm""竖向"，分辨率"300ppi"。

02 插入人体模板　将人体模板拖拽至新建的 AI 文档中，调整人体模板至合适的大小，并将人体模板图层 锁定，新建图层 2。

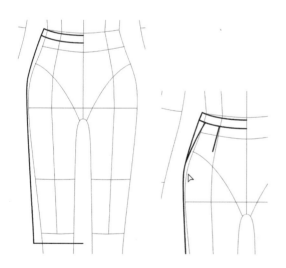

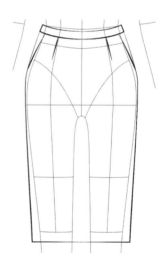

03 使用"钢笔工具"绘制一步裙　选择"钢 笔工具"，将钢笔工具"属性"设置为"黑 色描边""无填充"，粗细为"1pt"。 以人体模板为参考，绘制一步裙的左半边 外轮廓及口袋和腰省。完成后可选择调整 路径描边宽度配置。

04 镜像工具　单击"选择工具"，将左半边 一步裙路径全部框选。按〈Ctrl+C〉复制 路径，按〈Ctrl+F〉粘贴在前面，选择"镜 像工具"，以人体模板正中线为中心，设 置镜像角度为"-90°"，将复制的路径 镜像操作到右边。

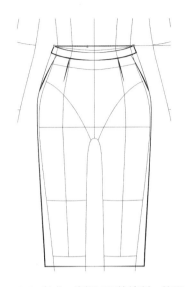

完成一步裙正面的绘制　使用
"钢笔工具"绘制出后腰路
径，然后使用"直接选择工
具"对一步裙路径进行调整，
直到比例正确，表达清晰，完
成一步裙正面的绘制。

绘制一步裙的背面　绘制完成一步裙的正面后，将正面
的一步裙复制并粘贴。通过调整裙腰部路径，用"剪刀
工具"剪开并删除多余的路径，完成后腰的绘制。用
"钢笔工具"绘制后中线和后开气，完成一步裙背面的
绘制。

保存文件　绘制完成后，单击"文件 – 存储"，对文件进行 AI 格式的保存。

2. 伞裙款式绘制

示例：

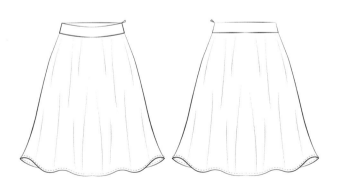

新建画布　打开 AI 软件，在菜单栏中选择"文件 – 新建文档"，创建"A4"大小画布，参数为
"210mm×297mm""竖向"，分辨率"300ppi"。

插入人体模板　将人体模板拖拽至新建的 AI 文档中，调整人体模板至合适的大小，并将人体模板图层
锁定，新建图层 2。

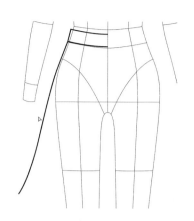

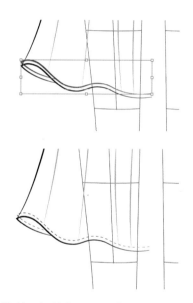

03 **使用"钢笔工具"绘制伞裙** 选择"钢笔
工具",将钢笔工具"属性"设置为"黑
色描边""无填充",粗细为"1pt"。
以人体模板为参考,绘制伞裙的左半边外
轮廓。

04 **绘制伞裙下摆** 选择"曲率工具",将曲
率工具"属性"设置为"黑色描边""无
填充",粗细为"1pt"。绘制伞裙的下摆,
并用"直接选择工具"对曲线进行调整,
使曲线符合面料自然垂坠弧度。

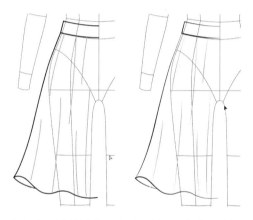

05 **绘制面料质感** 使用"钢笔工具",将"描边"
调整为"灰色""无填充",粗细为"1pt",
也可调节为"0.5pt",在裙身绘制线条表
达面料垂直质感。绘制完成后,可调整描
边宽度配置,使裙身线条更加自然。

06 **绘制下摆缝线** 使用"选择工具",选
择下摆曲线路径。按〈Ctrl+C〉复制,按
〈Ctrl+F〉粘贴在前面,利用键盘上的〈上
下左右〉键,将复制的下摆曲线向上移动,
并将复制的路径更改为"虚线",完成下
摆缝线的绘制。

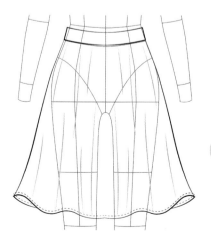

07 **镜像工具** 单击"选择工具",将左半边伞裙路径全部框选。
按〈Ctrl+C〉复制路径,按〈Ctrl+F〉粘贴在前面,选择"镜
像工具",以人体模板正中线为中心,设置镜像角度为"-90°",
将复制的路径镜像操作到右边。

08　**完成伞裙正面的绘制**　使用"钢笔工具"，绘制出后腰路径，并在侧缝处绘制三角形表示拉链。然后使用"直接选择工具"对伞裙路径进行调整，直到比例正确，表达清晰，完成伞裙正面的绘制。

09　**伞裙背面的绘制**　绘制完成伞裙的正面后，将正面的伞裙复制并粘贴。通过调整裙腰部路径，用"剪刀工具"剪开并删除多余的路径，完成伞裙背面的绘制。

10　**保存文件**　绘制完成后，单击"文件－存储"，对文件进行 AI 格式的保存。

3. 百褶裙款式绘制

示例：

01　**新建画布**　打开 AI 软件，在菜单栏中选择"文件－新建文档"，创建"A4"大小画布，参数为"210mm×297mm""竖向"，分辨率"300ppi"。

02　**插入人体模板**　将人体模板拖拽至新建的 AI 文档中，调整人体模板至合适的大小，并将人体模板图层锁定，新建图层 2。

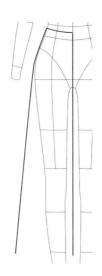
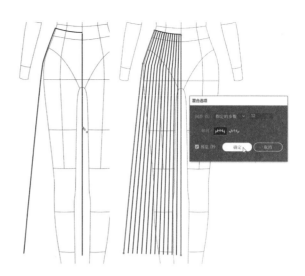

03 使用"钢笔工具"绘制百褶裙路
径　选择"钢笔工具"，将钢笔
工具属性设置为"黑色描边""无
填充"，粗细为"1pt"。以人体
模板为参考，分别绘制裙腰、裙
侧摆、裙中线三条不连接的路径。
（注意，三条路径可以重合，但
是一定不要连接在一起，如果连
接在一起，可以使用"剪刀工具"
剪开路径连接点。）

04 百褶绘制　单击"混合工具"，先单击最左侧的裙
摆路径，再单击中间的裙摆路径，出现如图所示的
图标。然后双击"混合工具"，出现"混合选项"
对话框，将"间距"选为"指定的步数"，可以通
过预览选项选择合适的步数，完成百褶的绘制。

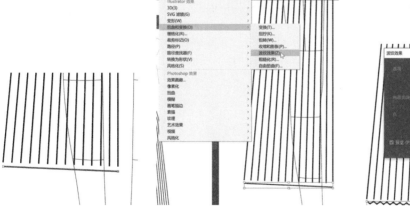

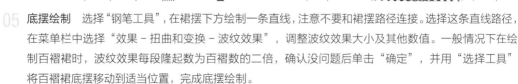

05 底摆绘制　选择"钢笔工具"，在裙摆下方绘制一条直线，注意不要和裙摆路径连接。选择这条直线路径，
在菜单栏中选择"效果－扭曲和变换－波纹效果"，调整波纹效果大小及其他数值。一般情况下在绘
制百褶裙时，波纹效果每段隆起数为百褶数的二倍，确认没问题后单击"确定"，并用"选择工具"
将百褶裙底摆移动到适当位置，完成底摆绘制。

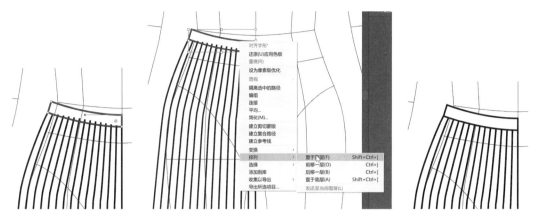

06 **裙腰绘制** 使用"钢笔工具"绘制裙腰形状，注意裙腰为单独的闭合路径，不与百褶裙裙身路径相连。将裙腰填充设置为"白色"，并将裙腰路径选中，单击右键，在弹出的菜单中选择"排列 – 置于顶层"，完成左半边裙腰的绘制。

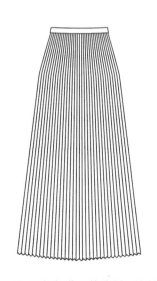

07 **镜像工具** 单击"选择工具"，将左半边百褶裙路径全部框选。按〈Ctrl+C〉复制路径，按〈Ctrl + F〉粘贴在前面，选择"镜像工具"，以人体模板正中线为中心，设置镜像角度为"–90°"，将复制的路径镜像操作到右边。

08 **完成百褶裙正面的绘制** 使用"钢笔工具"，绘制出后腰路径，完成百褶裙正面的绘制。

09 **百褶裙背面的绘制** 绘制完成百褶裙的正面后，将正面的百褶裙复制并粘贴。通过调整裙腰部路径，用"剪刀工具"剪开并删除多余的路径完成百褶裙背面的绘制。

10 **保存文件** 绘制完成后，单击"文件 – 存储"，对文件进行 AI 格式的保存。

4. 吊带裙款式绘制

示例：

01　**新建画布**　打开 AI 软件，在菜单栏中选择"文件 – 新建文档"，创建"A4"大小画布，参数为
　　"210mm×297mm""竖向"，分辨率"300ppi"。

02　**插入人体模板**　将人体模板拖拽至新建的 AI 文档中，调整人体模板至合适的大小，并将人体模板图层
　　锁定，新建图层 2。

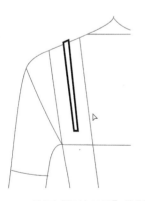

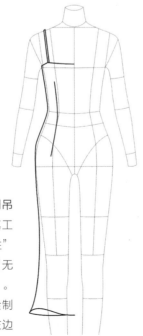

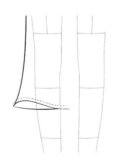

03　**使用"钢笔工具"绘制吊**
　　带裙轮廓　选择"钢笔工**
　　具"，将钢笔工具"属性"
　　设置为"黑色描边""无
　　填充"，粗细为"1pt"。
　　以人体模板为参考，绘制
　　吊带裙的吊带结构、左边
　　大身形状及省道。

04　**绘制缝线**　复制吊带裙下
　　摆路径，并将复制的路径
　　"描边"设置为"虚线"，
　　移动到适当位置。

镜像工具 单击"选择工具",将左半边吊带裙路径全部框选。按〈Ctrl+C〉复制路径,按〈Ctrl + F〉粘贴在前面,选择"镜像工具",以人体模板正中线为中心,设置镜像角度为"-90°",将复制的路径镜像操作到右边。

完成吊带裙正面绘制 使用"钢笔工具",将"描边"调整为"灰色""无填充",粗细为"1pt",也可调节为"0.5pt",在裙身绘制线条表达面料垂坠质感。完成后可调整描边宽度配置,使线条更加自然,并用"直接选择工具"对路径进行调整,完成吊带裙正面的绘制。

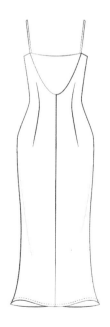

吊带裙背面的绘制 绘制完成吊带裙的正面后,将正面的吊带裙复制并粘贴。调整后领曲线,增加前领线、后中线,调整省道位置,用"剪刀工具"剪开并删除多余的路径,完成吊带裙背面的绘制。

保存文件 绘制完成后,单击"文件 - 存储",对文件进行 AI 格式的保存。

5. A 摆连衣裙款式绘制

示例：

01　**新建画布**　打开 AI 软件，在菜单栏中选择"文件 – 新建文档"，创建"A4"大小画布，参数为"210mm×297mm""竖向"，分辨率"300ppi"。

02　**插入人体模板**　将人体模板拖拽至新建的 AI 文档中，调整人体模板至合适的大小，并将人体模板图层锁定，新建图层 2。

03　**使用"钢笔工具"绘制连衣裙轮廓**　选择"钢笔工具"，将钢笔工具"属性"设置为"黑色描边""无填充"，粗细为"1pt"。以人体模板为参考，绘制连衣裙左半边的廓形及分割线。

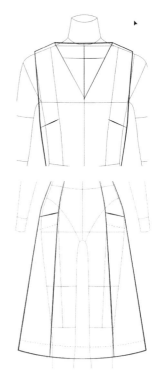

04 **镜像工具** 单击"选择工具",将左半边连衣裙路径全部框选。按〈Ctrl+C〉复制路径,按〈Ctrl+F〉粘贴在前面,选择"镜像工具",以人体模板正中线为中心,设置镜像角度为"-90°",将复制的路径镜像操作到右边。

05 **细节绘制** 使用"钢笔工具"完成后领细节绘制,在口袋及下摆处添加虚线缝线。

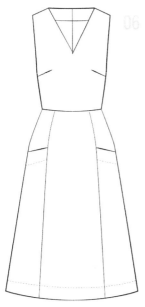

06 **完成连衣裙正面的绘制** 将连衣裙的内部分割线的描边粗细调整为"0.25pt",使分割线与外轮廓线条的粗细区分出来,以此更清晰地表达款式图的结构,完成连衣裙正面的绘制。

07 **连衣裙背面的绘制** 绘制完成连衣裙的正面后,将正面的连衣裙复制并粘贴。通过调整领口及分割线,完成连衣裙背面的绘制。

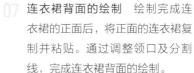

08 **保存文件** 绘制完成后,单击"文件-存储",对文件进行 AI 格式的保存。

6. H 摆连衣裙款式绘制

示例：

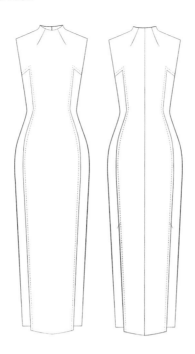

01 **新建画布**　打开 AI 软件，在菜单栏中选择"文件 – 新建文档"，创建"A4"大小画布，参数为"210mm×297mm""竖向"，分辨率"300ppi"。

02 **插入人体模板**　将人体模板拖拽至新建的 AI 文档中，调整人体模板至合适的大小，并将人体模板图层锁定，新建图层 2。

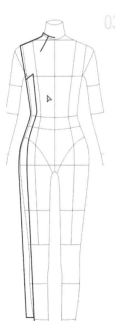

03 **使用"钢笔工具"绘制连衣裙轮廓**　选择"钢笔工具"，将钢笔工具"属性"设置为"黑色描边""无填充"，粗细为"1pt"。以人体模板为参考，绘制连衣裙左半边轮廓及分割线。

04 **绘制缝线**　使用"钢笔工具"，绘制缝线路径，并将路径调整为虚线。

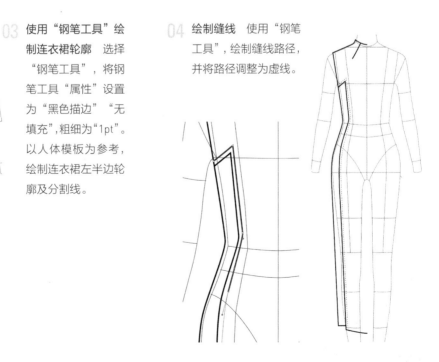

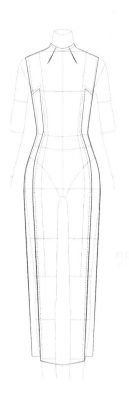

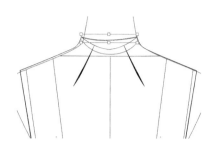

镜像工具 单击"选择工具"，将左半边连衣裙路径全部框选。按〈Ctrl+C〉复制路径，按〈Ctrl+F〉粘贴在前面，选择"镜像工具"，以人体模板正中线为中心，设置镜像角度为"-90°"，将复制的路径镜像操作到右边。

完成连衣裙正面的绘制 使用"钢笔工具"，完成连衣裙后领细节绘制。调整连衣裙内部结构描边的"粗细"及连衣裙路径描边的"宽度配置"，并使用"直接选择工具"对连衣裙路径进行调整，使连衣裙比例正确，完成连衣裙正面的绘制。

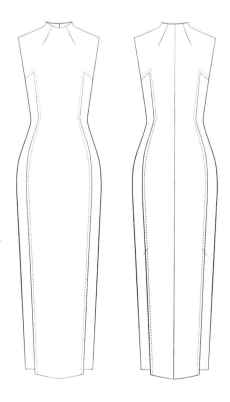

连衣裙背面的绘制 绘制完成连衣裙的正面后，将正面的连衣裙复制并粘贴。绘制后中线及后开气，调整后领细节，用"剪刀工具"剪开并删除多余的路径，完成连衣裙背面的绘制。

保存文件 绘制完成后，单击"文件 - 存储"，对文件进行 AI 格式的保存。

5.4.4 外套款式图绘制

1. 大衣款式绘制

示例:

01 **新建画布** 打开 AI 软件, 在菜单栏中选择"文件 – 新建文档", 创建"A4"大小画布, 参数为 "210mm×297mm""竖向", 分辨率"300ppi"。

02 **插入人体模板** 将人体模板拖拽至新建的 AI 文档中, 调整人体模板至合适的大小, 并将人体模板图层锁定, 新建图层 2。

03 **使用"钢笔工具"绘制大衣轮廓** 选择"钢笔工具", 将钢笔工具"属性"设置为"黑色描边""无填充", 粗细为"1pt"。以人体模板为参考, 分别绘制大衣的领型、大身轮廓及袖型。

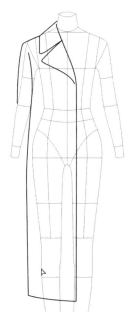

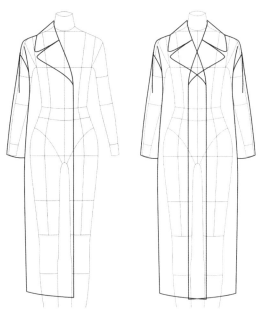

镜像工具 绘制完成大衣的左半边后，用"直接选择工具"对路径进行调整直到满意，然后单击"选择工具"，将左半边大衣路径全部框选。按〈Ctrl+C〉复制路径，按〈Ctrl + F〉粘贴在前面，选择"镜像工具"，以人体模板正中线为中心，设置镜像角度为"-90°"，将复制的路径镜像操作到右边。

门襟调整 用"剪刀工具"将右侧重叠的门襟路径剪开并删除，用"直接选择工具"进行调整，完成门襟绘制。

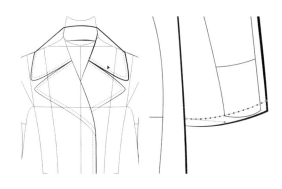

绘制缝线 使用"钢笔工具"，在大衣的领口、前门襟及袖口绘制路径，并将路径"描边"设置为"虚线"，调整其数值来表示手拱针工艺。

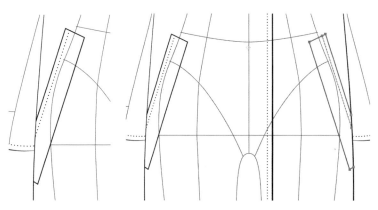

口袋绘制 用"钢笔工具"绘制出左侧的口袋并用"虚线"表示手拱针工艺，而后复制左边的口袋，镜像粘贴到大衣的右边。

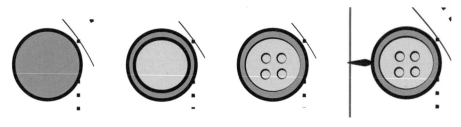

08 **纽扣绘制** 首先选择"椭圆工具",将"描边"设置为"黑色",填充为"深灰色",绘制一个圆形。接着继续使用"椭圆工具",将"填充"设置为"浅灰色",改变描边宽度配置,在第一个圆形内再绘制一个圆形。用四个等大的圆形表达扣眼,扣眼的圆形设置为"无填充"。最后用"钢笔工具"绘制一条直线并调节描边宽度配置,代表门襟的扣眼,一个完整的纽扣绘制完成。

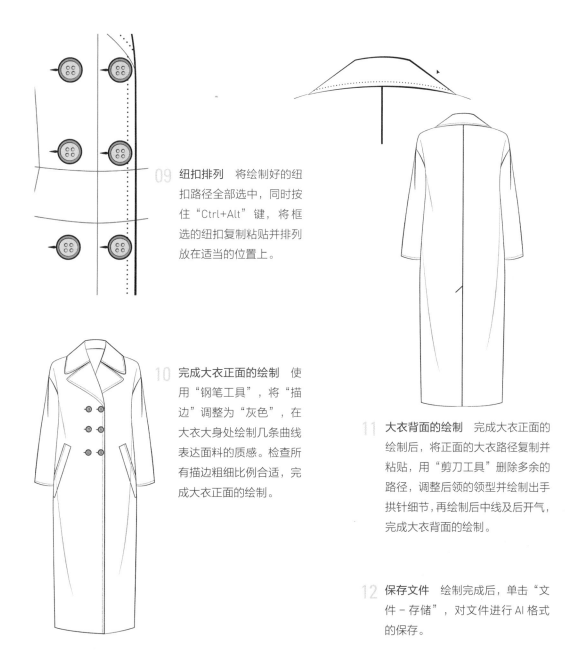

09 **纽扣排列** 将绘制好的纽扣路径全部选中,同时按住"Ctrl+Alt"键,将框选的纽扣复制粘贴并排列放在适当的位置上。

10 **完成大衣正面的绘制** 使用"钢笔工具",将"描边"调整为"灰色",在大衣大身处绘制几条曲线表达面料的质感。检查所有描边粗细比例合适,完成大衣正面的绘制。

11 **大衣背面的绘制** 完成大衣正面的绘制后,将正面的大衣路径复制并粘贴,用"剪刀工具"删除多余的路径,调整后领的领型并绘制出手拱针细节,再绘制后中线及后开气,完成大衣背面的绘制。

12 **保存文件** 绘制完成后,单击"文件-存储",对文件进行AI格式的保存。

2. 风衣款式绘制

示例：

新建画布　打开 AI 软件，在菜单栏中选择"文件－新建文档"，创建"A4"大小画布，参数为"210mm×297mm""竖向"，分辨率"300ppi"。

插入人体模板　将人体模板拖拽至新建的 AI 文档中，调整人体模板至合适的大小，并将人体模板图层锁定，新建图层 2。

使用"钢笔工具"绘制风衣轮廓　选择"钢笔工具"，将钢笔工具"属性"设置为"黑色描边""无填充"，粗细为"1pt"。以人体模板为参考，分别绘制风衣的领型、浮水和大身左半边廓形。

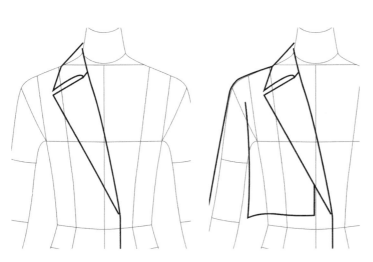

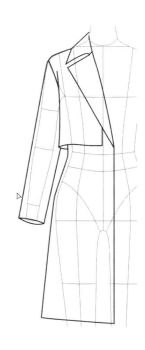

04 **镜像工具** 绘制完成风衣的左半边后，用"直接选择工具"对
路径进行调整直到满意，然后单击"选择工具"，将左半边大
衣路径全部框选。按〈Ctrl+C〉复制路径，按〈Ctrl+F〉粘贴
在前面，选择"镜像工具"，以人体模板正中线为中心，设置
镜像角度为"-90°"，将复制的路径镜像操作到右边。用"剪
刀工具"剪开并删除多余的重叠路径。随后，完成风衣的后领
绘制。

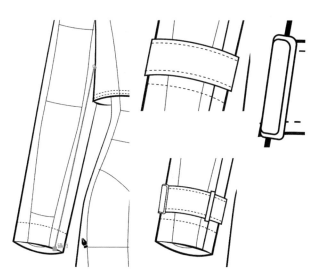

05 **绘制缝线** 使用"钢笔工具"，
将"描边"调整为"虚线"，在
领口、袖口、浮水等处绘制双排
缝线。

06 **袖子细节绘制** 使用"钢笔工具"，绘制出袖子分割线。
然后将"描边"设置为"黑色"，"填充"设置为"白色"，
绘制袖口绑带，并添加虚线缝线。在袖口绑带上方用"矩
形工具"绘制金属滑扣，用"直接选择工具"将四个角
调整为圆角，绘制袖袢，完成袖子细节的绘制。

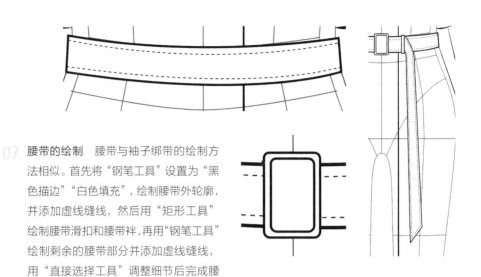

07 **腰带的绘制** 腰带与袖子绑带的绘制方法相似。首先将"钢笔工具"设置为"黑色描边""白色填充",绘制腰带外轮廓,并添加虚线缝线,然后用"矩形工具"绘制腰带滑扣和腰带袢,再用"钢笔工具"绘制剩余的腰带部分并添加虚线缝线,用"直接选择工具"调整细节后完成腰带的绘制。

08 **完成风衣正面的绘制** 调整风衣整体及细节后,完成风衣正面的绘制。

09 **风衣背面的绘制** 完成风衣正面的绘制后,将风衣正面的路径复制并粘贴,用剪刀剪开并删除多余的路径,调整后领的领型、浮水、后中线等细节,完成风衣背面的绘制。

10 **保存文件** 绘制完成后,单击"文件 – 存储",对文件进行 AI 格式的保存。

3. 羽绒服款式绘制

示例：

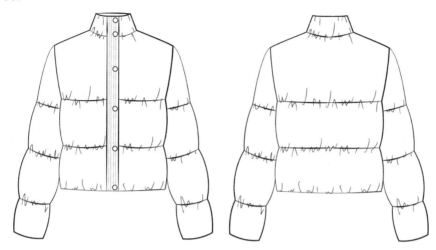

01 **新建画布** 打开 AI 软件，在菜单栏中选择"文件 – 新建文档"，创建"A4"大小画布，参数为"210mm×297mm""竖向"，分辨率"300ppi"。

02 **插入人体模板** 将人体模板拖拽至新建的 AI 文档中，调整人体模板至合适的大小，并将人体模板图层锁定，新建图层 2。

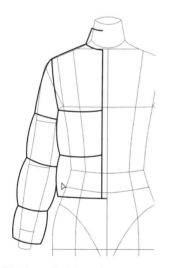

03 **使用"钢笔工具"绘制羽绒服轮廓** 选择"钢笔工具"，将钢笔工具"属性"设置为"黑色描边""无填充"，粗细为"1pt"。以人体模板为参考，绘制出羽绒服左边的轮廓及内部缝线。

04 **镜像工具** 绘制完成羽绒服的左半边后，用"直接选择工具"对路径进行调整直到满意，然后单击"选择工具"，将左半边羽绒服路径全部框选。按〈Ctrl+C〉复制路径，按〈Ctrl+F〉粘贴在前面，选择"镜像工具"，以人体模板正中线为中心，设置镜像角度为"–90°"，将复制的路径镜像操作到右边，并完成后领及前门襟的绘制。

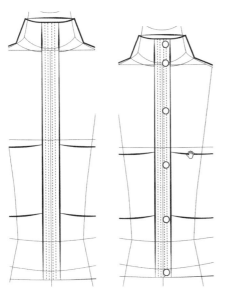

05 **门襟细节及纽扣绘制** 使用"钢笔工具"，将"描边"调整为"虚线"，绘制前门襟缝线细节。然后使用"椭圆工具"，在门襟处绘制纽扣。

06 **羽绒服充绒质感表达** 绘制羽绒服充绒质感，使用"铅笔工具"，在缝线处绘制出不规则线条，体现充绒质感。

07 **完成羽绒服正面的绘制** 用"直接选择工具"对细节进行调整，并调整羽绒服整体路径形状等细节，完成羽绒服正面的绘制。

08 **羽绒服背面的绘制** 完成羽绒服正面的绘制后，将正面的羽绒服路径复制并粘贴，用"剪刀工具"剪开并删除多余的路径，调整后领及后身细节，完成羽绒服背面的绘制。

09 **保存文件** 绘制完成后，单击"文件 – 存储"，对文件进行 AI 格式的保存。

CHAPTER

06

第 6 章

服装效果图电脑绘制

6.1 服装效果图电脑绘制软件介绍

Adobe Photoshop，简称PS，是强大且专业的图像处理软件。PS软件集绘图、图像编辑、校色调色等功能于一体，广泛应用于平面设计、服装设计、服装摄影、视觉等设计行业中。在服装设计行业，PS是设计师必须熟练掌握的设计软件之一，可用于绘制服装效果图，合成创意灵感，表达面料质感等多方面应用。在本书中，我们使用的PS软件版本为Adobe Photoshop 2021 Windows版本。

6.1.1 PS 软件操作界面介绍

PS软件操作界面主要包含菜单栏、工具栏、属性栏、面板及工作区域五大区域。启动PS软件，单击"文件-新建"，创建"A4"大小，"竖向"，分辨率为"300ppi"的文件，即可显示完整的PS操作界面（图6-1-1）。

图 6-1-1

1. 菜单栏

操作界面的左上方为菜单栏，菜单栏包含PS中的全部操作指令。单击菜单栏可显示子菜单栏，对应相应的功能。

2. 工具栏

操作界面的左边为工具栏，也称为工具箱。工具栏中包含进行PS作业时的常用工具，每个工具对应相应的操作功能。右键单击工具图标可显示隐藏工具。

3. 属性栏

在操作界面中，菜单栏下方为属性栏，选中某个工具后，属性栏会显示相应工具的属性设置选项，可用于更改操作参数等。

4. 面板

操作界面的右侧为面板，面板可叠放或浮动在界面中，方便辅助操作。

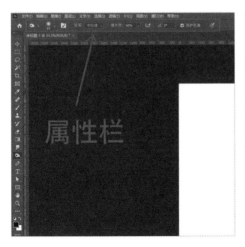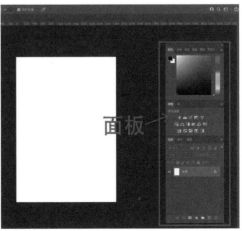

5. 工作区域

操作界面中间区域的画布称为工作区域，用于显示制作中的作业。

6.1.2 PS 常用工具介绍

PS 常用工具一览表

序号	名称	图标	功能介绍
1	移动工具		移动选区或图层
2	矩形选框工具		创建矩形形状选区
3	套索工具		创建手绘选区
4	磁性套索工具		在拖动时创建与图像边缘对齐的选区
5	魔棒工具		根据颜色选择选区
6	裁剪工具		裁剪或拓展画布的边缘
7	吸管工具		从图像中对颜色进行取样
8	画笔工具		绘制自定义画笔描边
9	仿制图章工具		使用来自图像其他部分的像素绘画

序号	名称	图标	功能介绍
10	橡皮擦工具		将像素更改为背景颜色或使其透明
11	魔术橡皮擦工具		选中并单击即可涂抹色彩类似的区域
12	渐变工具		创建颜色之间的渐变混合
13	油漆桶工具		用前景色填充选区
14	模糊工具		模糊图像中的区域
15	涂抹工具		涂抹并混合颜色
16	减淡工具		调亮图像中的区域
17	加深工具		调暗图像中的区域
18	钢笔工具		通过锚点与手柄的创建更改路径或形状
19	横排文字工具		添加横排文字
20	直接选择工具		选择并调整路径或形状中的点和线段
21	矩形工具		绘制矩形
22	抓手工具		平移图像
23	缩放工具		放大和缩小图像

6.1.3 PS 常用快捷键

服装效果图绘制中的 PS 常用快捷键

快捷键	Windows 系统	Mac 系统
画笔工具	B	B
橡皮擦工具	E	E
套索、多边形和磁性套索	L	L
仿制图章工具	S	S
裁剪工具	C	C
直接选择工具	A	A
魔棒工具	W	W
钢笔工具	P	P
默认前景色和背景色	D	D
文字工具	T	T
抓手工具	H	H

快捷键	Windows 系统	Mac 系统
自由变换	Ctrl+T	Command+T
色阶	Ctrl+L	Command+L
色相 / 饱和度	Ctrl+U	Command+U
曲线	Ctrl+M	Command+M
显示标尺	Ctrl+R	Command+R
显示 / 隐藏辅助线	Ctrl+;	Command+;
反相	Ctrl+I	Command+I
反选选区	Ctrl+Shift+I	Command+Shift+I
合并选中图层	Ctrl+E	Command+E
复制并新建图层	Ctrl+J	Command+J
创建组	Ctrl+G	Command+G
还原 / 重做前一步操作	Ctrl+Z	Command+Z
重做两步以上操作	Ctrl+Alt+Z	Command+Alt+Z
存储文件	Ctrl+S	Command+S

6.2 用电脑表达面料质感

6.2.1 印花面料质感表达

1. 千鸟图案绘制

示例：

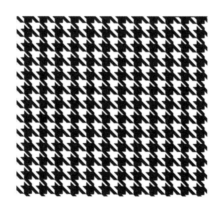

01 **新建画布** 打开PS软件，在菜单栏中选择"文件-新建"，创建"5cm×5cm"，分辨率为"300ppi"，
背景内容为"白色"的画布。

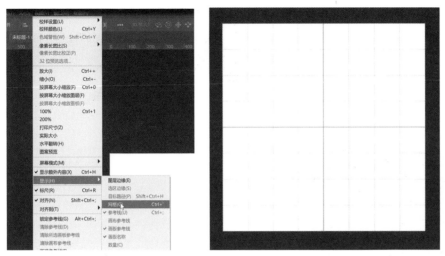

02　**显示网格**　单击菜单栏中的"视图-显示-网格"，创建网格参考线。

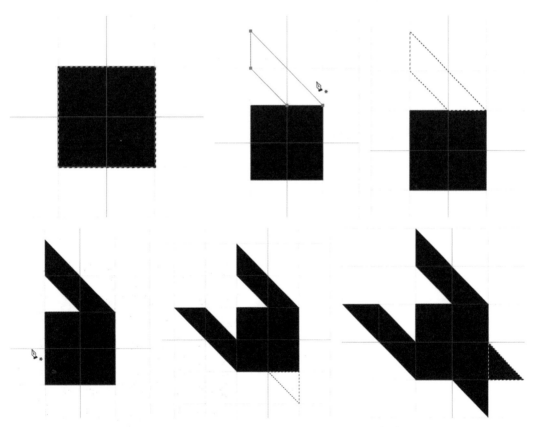

03　**绘制单个千鸟格图形**　新建图层1，重命名图层为"千鸟格"，按字母〈D〉键恢复默认前景色和背景
　　色颜色。选择"矩形工具"，在画布正中间绘制一个包含四个网格的正方形选区，并按〈Alt+Del〉填
　　充前景色，随后按〈Ctrl+D〉取消选区。接下来使用"钢笔工具"，以网格为参考，在正方形上方绘
　　制一个梯形闭合路径，右键单击路径，选择"建立选区"，注意呈现出的虚线只为梯形，如果画布边
　　缘也有虚线则需要按〈Ctrl+Shift+I〉反选，然后按〈Alt+Del〉将梯形填充为前景色"黑色"并取消选
　　区。用同样方法再分别绘制一个梯形和两个三角形并完成单个千鸟格图形的绘制。

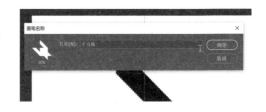

04 单个千鸟格画笔预设　用"魔棒工具"将刚才绘制的千鸟格图形全选，单击菜单栏中的"编辑-定义画笔预设"，预设画笔名称为"千鸟格"，单击"确定"后按〈Ctrl+D〉取消选区。

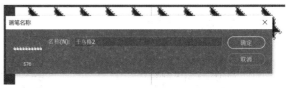

05 千鸟格图案画笔预设　隐藏千鸟格图层，新建图层，重命名为"图案"。选择"画笔工具"，打开画笔设置面板，调整千鸟格画笔的"大小""间距"等至合适，在画布上方按住〈Shift〉键绘制一条由千鸟格组成的直线，并将这条直线存为"千鸟格2"画笔。

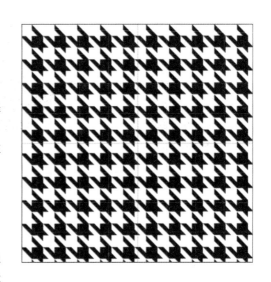

06 绘制千鸟格图案　将图案图层隐藏，新建图层，选择"画笔工具"，打开画笔设置面板，选择"千鸟格2"画笔并调整画笔"大小""间距"等参数，使该画笔刚好与画布长度相符。按住〈Shift〉键，分别单击画布的正上方及正下方，绘制千鸟格图案。

07 保存文件　单击"视图-显示-网格"将网格线隐藏，单击"文件-存储"，对文件进行PS格式保存。

2. 印花图案绘制

示例:

01 **新建画布** 打开PS软件,在菜单栏中选择"文件-新建",创建"10cm×10cm",分辨率为"300ppi",背景内容为"白色"的画布。

02 **小花素材提取** 将素材花卉图片拖至PS文件中,并"栅格化"素材图层。可用"魔术橡皮擦工具",调整容差,对素材的背景进行擦除,提取出素材。

03 **填充印花背景色** 新建图层,将图层移动到素材图层下方,用"吸管工具"在素材花卉上吸取一个适当的颜色,按〈Alt+Del〉将背景图层填充前景色。

  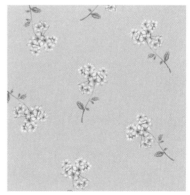

04 **排列小花素材** 选中小花素材图层,按〈Ctrl+T〉进行自由变换,调整大小至合适。按〈Ctrl+J〉复制并新建小花素材图层,选中复制的素材,移动并调整角度。重复以上步骤,使小花素材分布在画布中,最后合并所有小花图层。

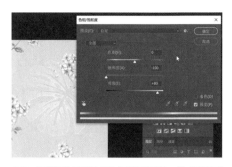

05　叶子素材提取　将叶子素材图片拖至PS文件中，用"裁剪工具"裁掉多余部分，并用"魔术橡皮擦工具"将叶子素材提取出来。

06　调整叶子素材色相/饱和度　选择叶子图层，按〈Ctrl+U〉，将叶子饱和度调整为"-100"，明度为"+80"。

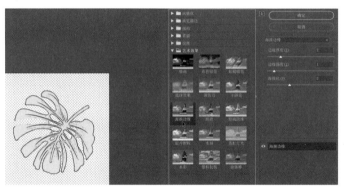

07　叶子素材图层滤镜及模式调整　选择叶子图层，在菜单栏中选择"滤镜-滤镜库"，选择"海报边缘滤镜"，并在图层面板中将图层调整为"滤色"。

08　完成印花图案绘制　选中叶子素材图层，按〈Ctrl+T〉进行自由变换，调整大小至合适。按〈Ctrl+J〉复制并新建叶子素材图层，选中复制的素材，移动并调整角度。重复以上步骤，使叶子素材分布在画布中，最后合并所有叶子图层，图层顺序由下到上为背景-叶子-小花，完成印花图案绘制。

09　保存文件　单击"文件-存储"，对文件进行PS格式保存。

6.2.2 格子面料质感表达

示例：

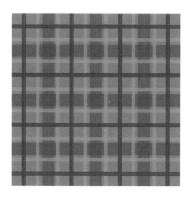

01 **新建画布** 打开PS软件，在菜单栏中选择"文件-新建"，创建"10cm×10cm"，分辨率为"300ppi"，背景内容为"白色"的画布。

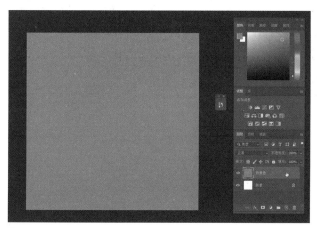 

02 **背景色** 新建图层并重命名为"背景色"，在颜色画板中选择喜欢的颜色，按〈Alt+Del〉填充前景色，并单击菜单栏中的"视图-显示-网格"，显示网格参考线。

03 **绘制格子-条纹颜色1** 新建图层并重命名为"条纹1"。将前景色选择为与背景色不同的颜色，使用"矩形工具"，以网格线为参考，绘制三个矩形并填充前景色。复制条纹1图层，重命名为"条纹2"。选择图层，按〈Ctrl+T〉进行自由变换，右键单击条纹2图层，选择"顺时针旋转90度"。将条纹1图层与条纹2图层的不透明度调整为"50%"。

04 **绘制格子–条纹颜色2** 新建图层，选择另一个颜色，用与上一步骤相同的方法绘制条纹图层3，然后将条纹图层3复制并旋转，得到条纹图层4。最后调整这两个图层的透明度为"70%"。

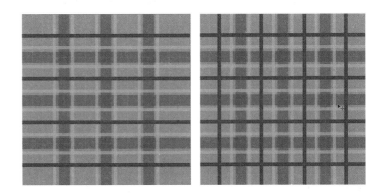

05 **绘制格子–条纹颜色3** 使用同样的方法绘制格子的第三个颜色。

06 **格子的绘制** 单击菜单栏中的"视图–显示–网格"，隐藏网格参考线，完成格子的绘制。在以上的操作中，可以选择不同的颜色进行组合，也可以自由地调整"不透明度"，绘制不同风格的格子。

07 **保存文件** 单击"文件-存储"，对文件进行PS格式保存。

6.2.3 牛仔面料质感表达

示例：

01 **新建画布** 打开PS软件，在菜单栏中选择"文件–新建"，创建"10cm×10cm"，分辨率为"300ppi"，背景内容为"白色"的画布。

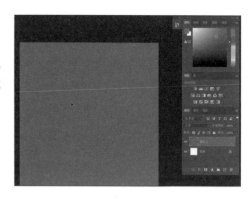

02 **背景色** 新建图层并重命名为"背景色",在颜色
画板中选择"牛仔蓝"的颜色,按〈Alt+Del〉填充
前景色。

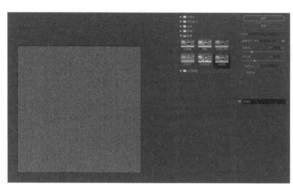 

03 **添加面料滤镜** 在菜单栏中选择"滤镜-滤镜库",选择"纹理化"滤镜并调整纹理的"缩放"和"凸
现数值"。如果颜色不够接近牛仔面料,也可通过调整色相和饱和度使颜色更像牛仔面料。

04 **斜纹绘制** 新建一个"5×5"像素的PS文件,新建图层1,使用"画笔工具",按
住〈Shift〉键,由画布左下角至画布右上角画一条45°的直线。单击"编辑-定义
图案",将图案命名为"斜线"。右键单击"渐变工具",选择"油漆桶工具",
在属性栏中将油漆桶的属性设置为"图案-斜线"。

05 **添加斜纹** 回到牛仔面料的PS文件中,新建图层
2,选择"油漆桶工具",将斜线填充至图层2上。
填充完成后可以自由放大或缩小图层,或者调节图
层饱和度/明度等使斜线呈现最好的效果。

06 **磨白效果** 新建图层，选择"画笔工具"，将"画笔工具"前景色设置为"白色"，在新建图层中反复多次拖动鼠标绘制磨白效果。

07 **阴影效果** 新建图层，使用"画笔工具"，将"画笔工具"前景色设置为"深蓝色"，在新建图层中反复多次拖动鼠标绘制阴影效果。

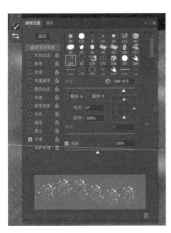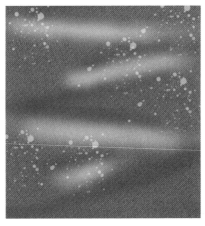

08 **添加特殊效果** 在设计过程中，可以选择给牛仔面料添加各种效果。新建图层，选择"画笔工具"，打开"画笔设置"并选择一个艺术画笔，调整其参数。将前景色设置为"白色"，适当调节画笔的"不透明度"和"流量"，在画布中绘制不规则画笔效果，完成牛仔面料的绘制。

09 **保存文件** 单击"文件-存储"，对文件进行PS格式保存。

6.2.4 蕾丝面料质感表达

示例：

01　**新建画布**　打开PS软件，在菜单栏中选择"文件-新建"，创建"10cm×10cm"，分辨率为"300ppi"，背景内容为"白色"的画布。

02　**描边绘制**　将想要绘制的图片素材拖至PS文件中，右键单击图层，选择"栅格化图层"，调低"不透明度"。新建图层1，建立"参考线"。使用"钢笔工具"，对蕾丝图案进行路径绘制及描边。

03　**完成蕾丝花型描边**　使用"钢笔工具"，绘制单位蕾丝花型路径并描边，注意所有描边为闭合路径。

04　**上色**　选择"魔棒工具"，按住〈Shift〉键将所有绘制的图形选中。将前景色设置为"黑色"，填充前景色后取消选区。

05　**完成单位蕾丝花型绘制**　将图层1复制，按
〈Ctrl+T〉进行自由调节，右键单击图层选择
"水平翻转"，将复制的花形移动到相应位置
后，将两图层合并。然后使用"套索工具"将
重复的元素框选，复制并移动到相应位置，完
成整体花型的绘制。最后将包含所有蕾丝花型
元素的图层合并。

06　**完成蕾丝面料的绘制**　通过复制图层，将单位花型复制并排列，插入网格图案素材并放置在蕾丝图层
下方，完成蕾丝花型的绘制。

07　**保存文件**　单击"文件-存储"，对文件进行PS格式保存。

6.2.5　皮草面料质感表达

示例：

01 **新建画布**　打开PS软件，在菜单栏中选择"文件-新建"，创建"10cm×10cm"，分辨率为
"300ppi"，背景内容为"白色"的画布。

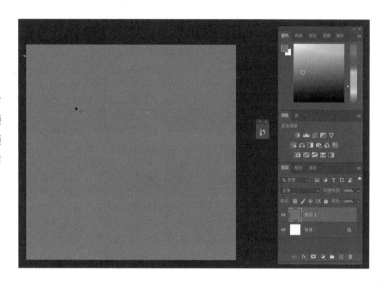

02 **背景色**　新建图层并重命
名为"背景色"，在颜
色画板中选择喜欢的颜
色，按〈Alt+Del〉填充前
景色。

03 **渲染图层-云朵**　单击菜
单栏中的"滤镜-渲染-
云彩"，将图层渲染。

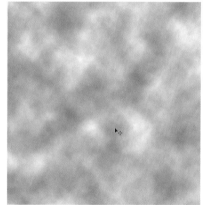

04 **渲染图层-纤维**　新建图
层1，填充前景色，单
击菜单栏中的"滤镜-渲
染-纤维"，调整差异及
强度至合适。

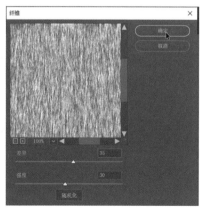

05 **添加滤镜** 选择纤维渲染的图层，单击菜单栏中的"滤镜-扭曲-旋转扭曲"，调整旋转扭曲角度。

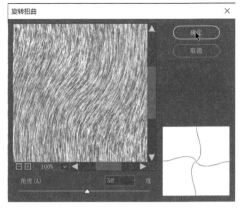

06 **完成皮草面料绘制** 将扭曲效果的图层模式调整为"正片叠底"，并适当调整"不透明度"，完成皮草面料的绘制。

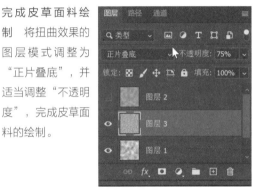

07 **保存文件** 单击"文件-存储"，对文件进行PS格式保存。

6.3 用电脑表达服装款式效果图

6.3.1 上衣效果图绘制

1. T恤绘制

示例：

01 **新建画布** 打开PS软件，在菜单栏中选择"文件-新建"，创建"A4"大小，参数为"210mm×297mm"，"竖向"，分辨率为"300ppi"，背景内容为"白色"的画布。

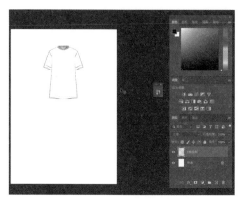
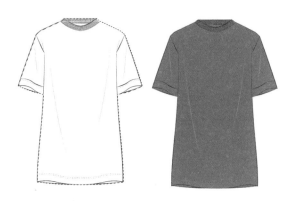

02 **插入T恤AI文件** 将T恤款式图的AI文件拖动到PS文件中，右键单击图层，选择"栅格化图层"。

03 **上色** 新建图层，将图层重命名为"T恤颜色"，并将图层移动到T恤线条图层下方。使用"魔棒工具"将T恤全部选中，在颜色面板中选择喜欢的颜色，选择T恤颜色图层将选区上色，取消选区。

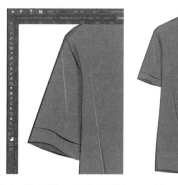

04 **阴影绘制** 在T恤颜色图层上方新建图层，重命名为"阴影"。选择阴影图层，使用"多边形套索工具"绘制出T恤的阴影区域，并选择比T恤大身颜色深一度的颜色进行上色。随后使用"涂抹工具"对阴影进行细化，完成阴影的绘制。

05 **高光绘制** 在T恤颜色图层上方新建图层，重命名为"高光"。选择阴影图层，使用"多边形套索工具"绘制出T恤的高光区域并填充为"白色"。通过使用"涂抹工具"和调节高光图层透明度细化高光的绘制，完成T恤的绘制。

06 **保存文件** 单击"文件-存储"，对文件进行PS格式保存。

2. 衬衫绘制

示例:

新建画布　打开PS软件，在菜单栏中选择"文件-新建"，创建"A4"大小，参数为"210mm×297mm"，"竖向"，分辨率为"300ppi"，背景内容为"白色"的画布。

插入衬衫AI文件　将衬衫款式图的AI文件拖动到PS文件中，右键单击图层，选择"栅格化图层"。

填充衬衫背景色　使用"魔棒工具"将衬衫全部选中，新建图层1并在新图层中将衬衫选区填充为"白色"。

04 **创建剪贴蒙版** 将格子面料的图片格式拖至PS文件中，右键单击图层，选择"栅格化图层"，使面料图层在衬衫底色图层上方，右键单击格子面料图层选择"创建剪贴蒙版"，使格子面料只显示在衬衫选区。

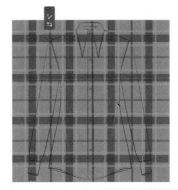

05 **面料颜色调整** 通过调节面料图层的"色相""饱和度"和"曲线"等，调整面料的颜色。

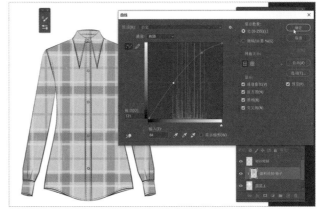

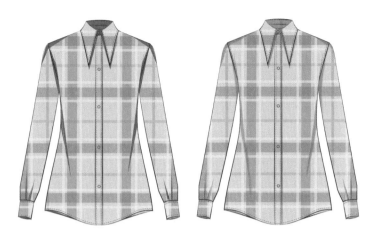

阴影绘制 在面料图层上方新建图层，"右键-剪贴蒙版"。使用"多边形套索工具"绘制出衬衫的阴影区域，并选择比衬衫大身颜色深一度的颜色对阴影选区进行上色，然后调整图层"不透明度"淡化阴影，并使用"涂抹工具"完成阴影细化及绘制。

高光绘制 选择衬衫线条图层，单击图层面板左下方第二个工具"添加图层样式-外发光"，调整属性至合适后应用"外发光"样式，完成衬衫的绘制。

保存文件 单击"文件-存储"，对文件进行PS格式保存。

3. 西装绘制

示例:

01 **新建画布** 打开PS软件,在菜单栏中选择"文件-新建",创建"A4"大小,参数为 "210mm×297mm","竖向",分辨率为"300ppi",背景内容为"白色"的画布。

02 **插入西装AI文件** 将西装款式图的AI文件 拖动到PS文件中,并右键单击图层,选择 "栅格化图层"。

03 **填充颜色** 使用"魔棒工具"将西装全部选 中,新建图层1并在新图层中将西装选区填充 为"白色",重命名图层为"白色底色"。

04 **素材填充**　将面料素材图片拖拽至PS
文件中，右键单击图层，选择"栅格化
图层"。使用"矩形工具"在素材图层
框选出想要填充的部分，按〈Ctrl+C〉
进行复制。回到西装效果图PS文
件中，将白色底色图层选中，按住
〈Ctrl+Alt+Shift+V〉进行填充，并通过
调整填充图层的大小，或者复制填充图
层完成素材的填充。

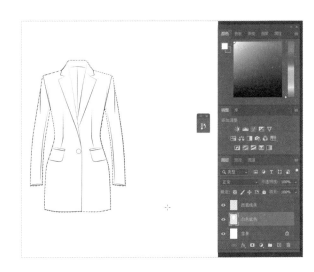

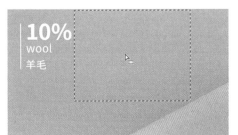

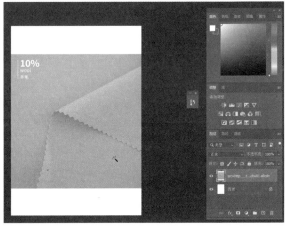

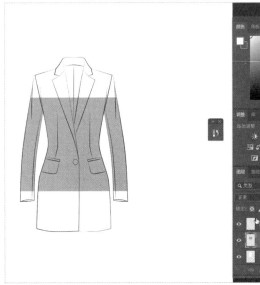

05 **阴影绘制** 选择素材填充图层，单击图层面板左下方的"添加图层样式工具"，选择"内阴影"，调整模式及数据至合适。

06 **完成西装效果图绘制** 使用"画笔工具"或者"多边形套索工具"完成其他阴影、细节的绘制。

07 **保存文件** 单击"文件-存储"，对文件进行PS格式保存。

6.3.2 裤装效果图绘制

1. 长裤绘制

示例：

01 **新建画布**　打开PS软件，在菜单栏中选择"文件-新建"，创建"A4"大小，参数为"210mm×297mm"，"竖向"，分辨率为"300ppi"，背景内容为"白色"的画布。

02 **插入长裤AI文件**　将长裤款式图的AI文件拖动到PS文件中，右键单击图层，选择"栅格化图层"。

03 **填充颜色**　使用"魔棒工具"将长裤全部选中，新建图层1并在新图层中将长裤选区填充为"白色"，重命名图层为"白色背景色"。

04 **素材填充**　将面料素材图片拖拽至PS文件中，右键单击图层，选择"栅格化图层"。使用"矩形工具"在素材图层框选出想要填充的部分，按〈Ctrl+C〉进行复制。回到长裤效果图PS文件中，将白色背景色图层选中，按住〈Ctrl+Alt+Shift+V〉进行填充，并通过调整填充图层的大小，或者复制填充图层完成素材的填充。

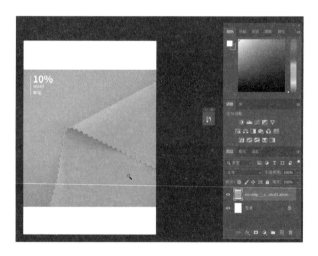

05 **阴影绘制** 在素材面料图层上新建图层并"右键-剪贴蒙版"。选择"画笔工具",将前景色选为比裤子颜色深一度的颜色,调整画笔工具的"大小""不透明度"等属性,在蒙版图层绘制出长裤的阴影效果。

06 **完成长裤效果图绘制** 使用"画笔工具",调整图层"色相"和"饱和度"等,完善细节并完成长裤效果图绘制。

07 **保存文件** 单击"文件-存储",对文件进行PS格式保存。

2. 牛仔裤绘制

示例:

01 **新建画布**　打开PS软件，在菜单栏中选择"文件-新建"，创建"A4"大小，参数为"210mm×297mm""竖向"，分辨率为"300ppi"，背景内容为"白色"的画布。

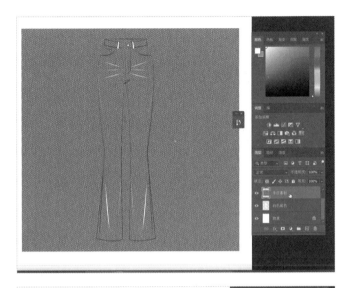

02 **插入牛仔裤AI文件**　将牛仔裤款式图的AI文件拖动到PS文件中，右键单击图层，选择"栅格化图层"。

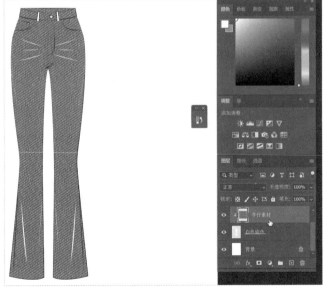

03 **填充颜色**　使用"魔棒工具"将牛仔裤全部选中，新建图层1并在新图层中将牛仔裤选区填充为"白色"，重命名图层为"白色底色"。

04 **创建剪辑蒙版**　将牛仔裤面料的素材图片格式拖至PS文件中，右键单击图层，选择"栅格化图层"，使面料图层在衬衫底色图层上方，右键单击牛仔面料"图层-创建剪贴蒙版"，使牛仔面料只显示在牛仔裤选区。

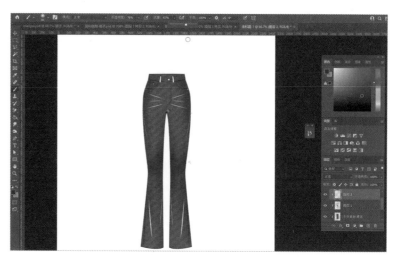

05 调整颜色 通过调整图层"色相""饱和度"等，调整牛仔裤的颜色。

06 阴影绘制 在牛仔面料图层上新建图层并右键单击图层，选择"剪贴蒙版"。选择"画笔工具"，将前景色选为比牛仔面料颜色深一度的颜色，调整画笔工具的"大小""不透明"度等属性，在蒙版图层绘制出阴影。

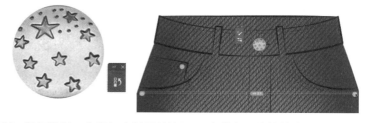

08 纽扣绘制 将纽扣素材图片拖至PS文件中，右键单击图层，选择"栅格化图层"并抠出所需要的纽扣。调整纽扣的"色相""饱和度""大小"等，并将纽扣放在正确的位置。

09 完成牛仔裤绘制 检查并完善牛仔裤细节，完成牛仔裤的绘制。

07 细节调整 使用"橡皮擦""艺术画笔"等工具对牛仔裤进行细节调整。

10 保存文件 单击"文件-存储"，对文件进行PS格式保存。

3. 连体裤绘制

示例:

01 **新建画布** 打开PS软件，在菜单栏中选择"文件-新建"，创建"A4"大小，参数为 "210mm×297mm""竖向"，分辨率为"300ppi"，背景内容为"白色"的画布。

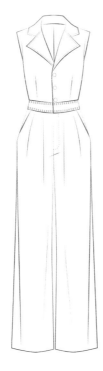

02 **插入连体裤AI文件** 将连体裤款式图的AI文件拖动到PS文件中，右键单击图层，选择"栅格化图层"。

03 **填充颜色** 打开印花面料的PS文件，用"吸管工具"吸取印花面料的底色。回到连体裤PS文件中，将连体裤选中，新建图层，填充前景色。

04 **花型排列-小花** 在印花面料的PS文
件中，选择小花的图层，复制一个小
花。回到连体裤PS文件，在颜色图
层上建立蒙版图层，将复制的小花按
〈Ctrl+Alt+Shift+V〉粘贴到蒙版图层。
通过自由变换、复制等操作完成小花的
排列的操作。

05 **花型排列-叶子** 在印花面料的PS文件
中，将叶子图层直接拖入到连体裤PS
文件中，将图层设置为底色图层的蒙版。
通过复制、自由变换等操作完成叶子的
排列。

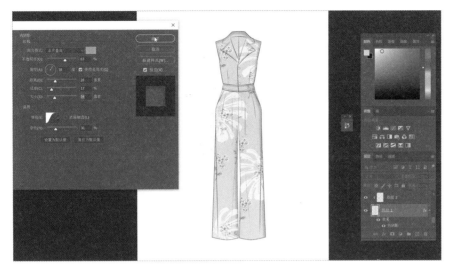

06 **阴影绘制** 找到底色图层，单击"图层"选择"图层样式-内阴影"，调整相应
数值。

07 **完成连体裤效果图的绘制** 运用"画笔工具""橡皮擦"或
其他工具对连体裤进行细节的调整，将所有图层命名，完成
连体裤的效果图绘制。

08 **保存文件** 单击"文件-存储"，对文件进行PS格式保存。

6.3.3 裙装效果图绘制

1. 半裙绘制

示例：

01 **新建画布** 打开PS软件，在菜单栏中选择"文件-新建"，创建"A4"大小，参数为
"210mm×297mm""竖向"，分辨率为"300ppi"，背景内容为"白色"的画布。

02 **插入半裙AI文件** 将半裙款式图的AI文件
拖动到PS文件中，右键单击图层，选择
"栅格化图层"。

03 **填充颜色** 使用"魔棒工具"将半裙全部
选中，新建图层1并在新图层中将半裙选
区填充为"白色"，重命名图层为"白色
底色"。

04 **渐变工具** 选择"渐变工具"，在属性栏中单击渐变的"属
性"框出现"渐变编辑器"，调整渐变编辑器数值至合适。

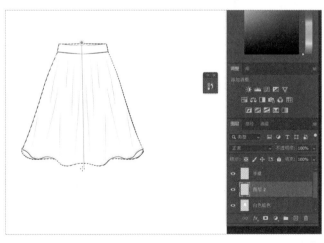

05 **填充渐变颜色** 将底色图层选中，新建图层2，使用"渐变工具"在半裙选区由上到下拉一条
线，给半裙填充渐变颜色。

06 阴影及细节绘制 选中底色图层，新建图层3，使用"画笔工具"并选择深一些的颜色，绘制半裙的阴影。

07 完成半裙的绘制 使用"画笔工具""橡皮擦工具"等常用工具对半裙进行最后的调整，完成半裙的绘制。

08 保存文件 单击"文件-存储"，对文件进行PS格式保存。

2. 连衣裙绘制

示例:

01 新建画布 打开PS软件，在菜单栏中选择"文件-新建"，创建"A4"大小，参数为"210mm×297mm""竖向"，分辨率为"300ppi"，背景内容为"白色"的画布。

02 **插入连衣裙裙AI文件** 将连衣裙款式图的AI文件拖动到PS文件中，右键单击图层，选择"栅格化图层"。

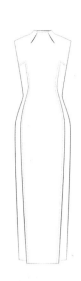

03 **填充底色** 使用"魔棒工具"将连衣裙全部选中，新建图层1并在新图层中将连衣裙选区填充为"白色"，重命名图层为"白色底色"。

04 **上色** 将连衣裙底色选区选中，新建图层，使用"画笔工具"，调整画笔属性，在新图层中上色。通过不断调整画笔的属性，在图层上不断加深阴影部分，留白高光部分，在进行多次上色后达到最后的效果。

05 **轮廓线条调整** 将连衣裙线条图层复制，选中复制的图层，将该图层线条颜色填充为"白色"，使连衣裙结构更清晰。

06 **插入蕾丝素材** 将蕾丝素材图片拖入至PS文件中，右键单击图层，选择"栅格化图层"，并将想要用的蕾丝素材提取出来。

07 **裙摆蕾丝**　将提取的蕾丝素材调整至合适大小，放在裙摆的位置。灵活使用"多边形套索工具"和"移动工具"，将蕾丝素材截取并放置在合适的位置，通过按〈Ctrl+T〉对选区中的素材进行调整，完成裙摆蕾丝的排列。

08 **袖口蕾丝**　使用相同的方法排列袖口的蕾丝。排列完成后，清除多余的素材。

09 **完成连衣裙的绘制**　对连衣裙进行细节的调整并将所有图层命名，完成连衣裙的绘制。

10 **保存文件**　单击"文件-存储"，对文件进行PS格式保存。

6.4 用电脑表达服装整体效果图

6.4.1 时装绘制

示例:

01 **新建画布** 打开PS软件,在菜单栏中选择"文件-新建",创建"A4"大小,参数为
"210mm×297mm""竖向",分辨率为"300ppi",背景内容为"白色"的画布。

02 **模特模板** 将人体或模特模板素材图片拖拽至PS文件中,右键单击图层,选择"栅格化图层"。

03 **绘制服装外轮廓** 新建图层,使用"钢笔工具"绘制上衣款式的外
轮廓,可以通过"直接选择工具"对路径进行调整,调整完成后右
键单击路径,选择"描边路径",使用大小为"1"的黑色画笔描
边。用同样的方式绘制半裙轮廓。

上衣上色 使用"魔棒工具"将上衣大身部分和袖口选中，新建图层并将选区填充为"白色"背景色。再新建图层，将白色背景色区域选中，使用"画笔工具"并调整参数进行上色。在上色过程中，多次调整"画笔工具"的参数，反复多次上色完成基本的明暗效果。

上衣袖子上色 新建图层，用"魔棒工具"选中袖子选区，将袖子选区填充为黑色。改变图层的透明度实现袖子的透明面料质感。

裙子上色 新建图层选中裙子选区，并将裙子填充为黑色。

阴影及高光的添加 分别建立阴影及高光图层，使用"画笔工具"添加阴影及高光。

08　**上衣印花绘制**　将印花素材图片拖入至PS文件中并提取印花图案，复制图案并对图案进行排列。

09　**上衣花边绘制**　将花边素材图片拖入至PS文件中并提取花边素材，对花边进行"复制""自由移动"等操作，完成花边的绘制。

11　**保存文件**　单击"文件-存储"，对文件进行PS格式保存。

10　**完成时装效果图的绘制**　使用适当的工具对效果图整体进行调整，刻画细节等，将所有图层命名，完成时装效果图的绘制。

6.4.2　旗袍绘制

示例：

01 **新建画布**　打开PS软件，在菜单栏中选择"文件-新建"，创建"A4"大小，参数为
"210mm×297mm""竖向"，分辨率为"300ppi"，背景内容为"白色"的画布。

02 **模特模板**　将人体或模特模板素材图片拖拽至PS文件中，右键单击图层，选择"栅格化图层"。

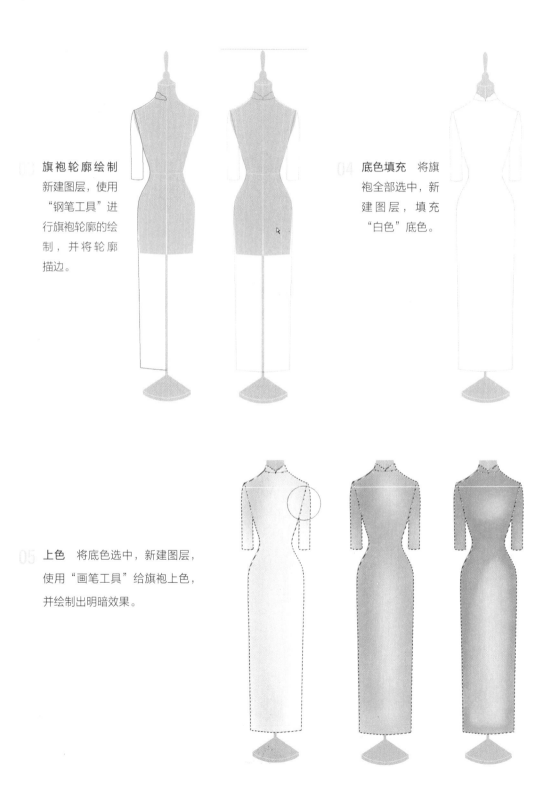

03 **旗袍轮廓绘制**
新建图层，使用
"钢笔工具"进
行旗袍轮廓的绘
制，并将轮廓
描边。

04 **底色填充**　将旗
袍全部选中，新
建图层，填充
"白色"底色。

05 **上色**　将底色选中，新建图层，
使用"画笔工具"给旗袍上色，
并绘制出明暗效果。

06 **包边绘制**　使用"钢笔工具"，在旗袍领口、袖口及下摆绘制出包边结构，并描边。

07 **包边上色**　选中包边选区，新建图层，将包边填充颜色。

08 **刺绣纹样绘制**　将素材图片拖入至PS文件中，提取出素材并放置在适当位置，运用"套索工具"和"自由变换工具"从素材中提取部分纹样排列在旗袍的大身，完成纹样绘制。

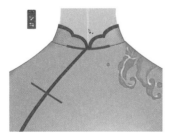

09 **纽扣绘制**　使用"钢笔工具"绘制出纽扣的轮廓并填色，使用"画笔工具"绘制纽扣细节。

11 **保存文件**　单击"文件-存储"，对文件进行PS格式保存。

10 **完成旗袍的绘制**　对旗袍的细节进行调整，完成旗袍的绘制。

6.4.3 礼服绘制

示例:

新建画布 打开PS软件,在菜单栏中选择"文件-新建",创建"A4"大小,参数为 "210mm×297mm""竖向",分辨率为"300ppi",背景内容为"白色"的画布。

模特模板 将人体或模特模板素材图片拖拽至PS文件中,右键单击图层,选择"栅格化图层"。

礼服轮廓绘制 新建图层,
使用"钢笔工具"绘制礼服
轮廓,并描边。

填充底色 将礼服大身全部
选中,新建图层,填充"白
色"底色。

05 **上色** 将大身部分选中，新建图层，使用"画笔工具"进行上色，再绘制出阴影和领子。

06 **肩部上色** 新建图层，选择肩部区域，将肩部填充为黑色，随后调整图层透明度，完成肩部上色。

07 **花边绘制** 将花边素材图片拖入PS文件中，提取花边素材，并将花边排列在相应位置。裙子上的花边图层选择"正片叠底"模式。完成花边绘制。

蕾丝绘制 将蕾丝素材图片拖入PS文件中，提取蕾丝素材，并将蕾丝填充在肩部。复制蕾丝图层，提取适当蕾丝元素放置在腰部。腰部的蕾丝图层选择"亮光"模式。

完成礼服的绘制 使用"画笔工具"为礼服添加细节，完成礼服的绘制。

保存文件 单击"文件-存储"，对文件进行PS格式保存。

附录　试题

第5章　服装款式图电脑绘制试题

1. 使用AI软件绘制服装平面款式图，最常用的工具是？

　　A. 选择工具　　　　B. 钢笔工具　　　　C. 画笔工具　　　　D. 矩形工具

2. Windows系统版本的AI软件中，"还原"操作的快捷键是？

　　A. Ctrl+Z　　　　　B. Ctrl+Shift+Z　　C. Ctrl+Alt+Z　　　D. Alt+Z

3. 在AI软件中，复制对象后，除了粘贴外还有三种粘贴方式，分别为＿＿＿＿＿＿＿、

＿＿＿＿＿＿、＿＿＿＿＿＿。

4. Adobe Illustrator是一款专业的＿＿＿＿＿＿处理软件。

5. 使用AI软件绘制服装平面款式图时，通常创建的画布大小为？

　　A. A3大小　　　　　B. A4大小　　　　　C. B4大小　　　　　D. 自定义大小

6. 在使用钢笔工具进行简单的服装款式图绘制时，通常将钢笔工具属性设置为？

　　A. 无描边 无填充　　　　　　　　B. 无描边 黑色填充

　　C. 黑色描边 无填充　　　　　　　D. 黑色描边 黑色填充

7. 当绘制完一侧的路径并复制、粘贴在前面后，可以使用什么工具使其对称到另一侧？

　　A. 镜像工具　　　　B. 旋转工具　　　　C. 选择工具　　　　D. 对称工具

8. 在绘制服装款式图的过程中，可以使用什么工具对锚点及手柄进行直接调整？

　　A. 锚点工具　　　　B. 钢笔工具　　　　C. 选择工具　　　　D. 直接选择工具

9. 下面的图标中，哪个图标为钢笔工具？

　　A.　　　　　　　　B.　　　　　　　　C.　　　　　　　　D.

10. 如何表达服装缝线工艺细节？

　　A. 绘制直线表达　　　　　　　　B. 绘制图形表达

　　C. 绘制曲线表达　　　　　　　　D. 绘制虚线表达

11. 通过调整下图中的选项，可以达到什么效果？

　　A. 对选中区域进行填色

　　B. 绘制曲线

　　C. 绘制不规则图形

　　D. 对选中路径进行描边宽度调整，使服装效果图线条更加自然

11 题图

12. 描边的虚线设置，除了用于绘制缝线工艺，还可以用于绘制什么？

    A. 螺纹绘制   B. 门襟绘制   C. 袖口绘制   D. 领口绘制

13. 绘制口袋、腰带袢时，可以选择使用什么工具？

    A. 选择工具   B. 矩形工具   C. 橡皮擦工具   D. 抓手工具

14. 下图中圆形的描边和填充分别是什么？

    A. 黑色描边 无填充

    B. 黑色描边 渐变填充

    C. 黑色描边 灰色填充

    D. 无描边 渐变填充

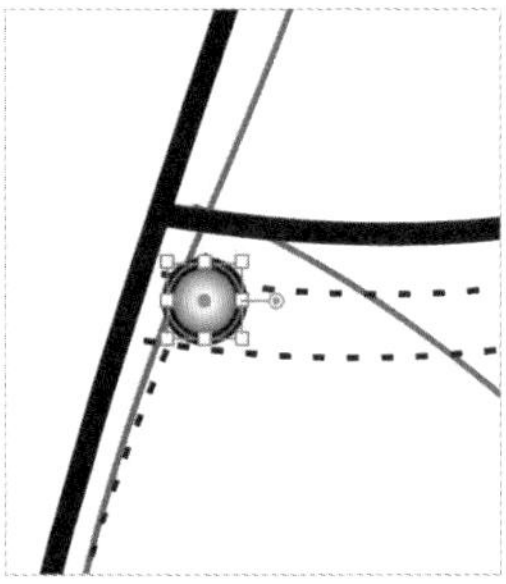

14 题图

15. 在菜单栏中选择"效果–扭曲和变换–波纹效果"，有可能绘制出什么效果？

    A. Z字形效果   B. 三角形效果

    C. 多边形效果   D. 不规则效果

16. 如何绘制下图的阴影效果？

    A. 绘制一个闭合路径然后填色

    B. 使用吸管工具选择合适的颜色填充

    C. 将钢笔工具设置为描边为黑色，填充为浅灰色进行绘制

    D. 使用画笔工具直接绘制

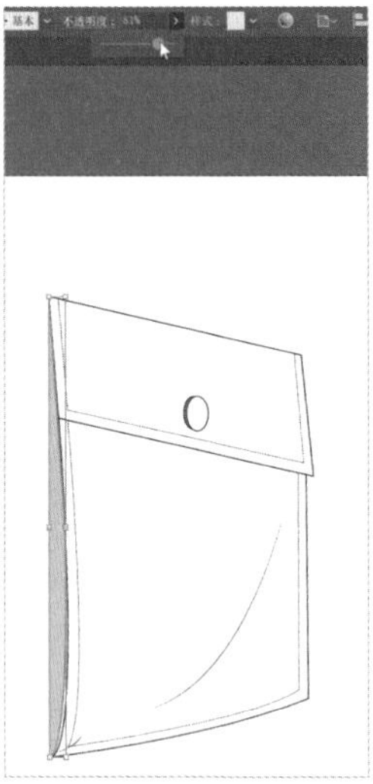

17. 插入人体模板后，需要将人体模板图层_____，再新建图层并在新图层上进行绘制。

18. 绘制服装平面款式图时，可通过调整_____的粗细来区别外轮廓线和内分割线。

16 题图

19. 在绘制服装平面款式图时，人体模板的作用是？

    A. 绘制各种图形   B. 正确掌握比例、结构及廓形

    C. 添加服装细节   D. 标注服装工艺

20. AI软件中，面板栏通常是？

    A. 只能放在操作界面的右侧   B. 固定的

    C. 可以自由组合、叠放或浮动   D. 不可以隐藏面板

第6章　服装效果图电脑绘制试题

1. 在使用PS软件时，设置默认前景色和背景色的快捷键是？

    A. 字母"B"   B. Ctrl+B   C. 字母"D"   D. Ctrl+D

2. PS软件中，磁性套索工具的功能是？

    A. 根据颜色选择选区   B. 在拖动时创建与图像边缘对齐的选区

C. 创建矩形选区　　　　　　　　　　　　D. 移动选区或图层

3. Windows版本的PS软件中，自由变换的快捷键是？

    A. Ctrl+T　　　　　B. Ctrl+Alt+T　　　　C. T　　　　　　　　D. Alt+T

4. 以下图标中，哪个工具可以用来填充渐变色？

    A. 　　　B. 　　　C. 　　　D.

5. 在PS软件中，此图标 是什么工具？

    A. 橡皮擦工具　　　　　　　　　　　　B. 背景橡皮擦工具

    C. 魔术橡皮擦工具　　　　　　　　　　D. 涂抹工具

6. 在PS中，需要对选区的颜色进行调整，可以通过什么方式？

    A. 使用模糊工具　　　　　　　　　　　B. 创建矩形选区

    C. 使用移动工具移动选区或图层　　　　D. 调整选区的色相/饱和度

7. 在PS软件中，使用钢笔工具绘制路径后可对路径进行什么操作？

    A. 描边路径　　　　B. 选取颜色　　　　C. 模糊图像　　　　D. 涂抹并混合颜色

8. 在用PS软件绘制面料效果时，可以通过添加什么来表达面料质感？

    A. 颜色　　　　　　B. 选区　　　　　　C. 文字　　　　　　D. 滤镜

9. 将素材图片拖入至PS文件中后，需要对图层进行什么操作？

    A. 复制图层　　　　B. 栅格化图层　　　C. 隐藏图层　　　　D. 锁定图层

10. 在绘制透明面料时，可以使用什么方法实现？

    A. 使用模糊工具实现　　　　　　　　　B. 使用油漆桶工具实现

    C. 使用渐变工具实现　　　　　　　　　D. 通过调整图层透明度实现

11. 为了使服装效果图的面料表达更加真实，使用以下哪种方法更适合？

    A. 使用真实面料素材　　　　　　　　　B. 使用照片

    C. 使用图案　　　　　　　　　　　　　D. 使用滤镜

12. 在绘制服装效果图的明暗及其他细节时，通常会如何操作？

    A. 在同一图层上进行操作　　　　　　　B. 合并图层

    C. 建立蒙版图层　　　　　　　　　　　D. 删除图层

13. 在PS软件中通常如何使用画笔工具进行上色？

    A. 调整画笔大小、不透明度及流量进行多次上色

    B. 选择特殊画笔进行上色

    C. 将画笔不透明度设置为100%进行上色

    D. 画笔工具不能用来上色

14. 在绘制过程中需要及时对新建图层进行什么操作？

    A. 删除图层　　　　B. 重命名图层　　　C. 复制图层　　　　D. 合并图层

15. 在下图的操作中，不可对选区进行什么操作？

   A. 删除整体　　　B. 调整大小

   C. 移动　　　　　D. 删除掉叶子

16. 在绘制阴影时，通常选择什么颜色进行绘制？

   A. 颜色面板中随意颜色

   B. 比原色浅一度的颜色

   C. 比原色深一度的颜色

   D. 黑色

15 题图

17. Windows系统的PS软件中，合并图层的快捷键是？

   A. Command+E　　B. Ctrl+E

   C. E　　　　　　　D. Alt+E

18. 如图所示，使用什么滤镜可以达到下图效果？

   A. 渲染-云朵

   B. 渲染-纤维

   C. 渲染-云朵和渲染-纤维

   D. 滤镜-艺术效果

18 题图

19. 在绘制服装效果图时，通常情况下颜色和外轮廓的图层关系是？

   A. 在同一个图层　　　　　　　B. 颜色图层在上，外轮廓图层在下

   C. 颜色图层在下，外轮廓图层在上　　　D. 只有颜色图层

20. 在新建PS文件绘制服装效果图时，通常设置背景颜色为？

   A. 白色　　　　　B. 随意的颜色　　　C. 无背景颜色　　　D. 黑色